JN267937

ヘンプオイルのある暮らし
手作りコスメとオーガニック料理

赤星 栄志
Yoshiyuki Akahoshi

水間 礼子
Reiko Mizuma

新泉社

はじめに

98年12月末、肌寒い冬の街頭で目の前に大きな麻の葉っぱのポスターがとびこんできました。それは、自然派化粧品店のザ・ボディショップのヘンプオイルを使ったスキンケア商品のポスターでした。ヘンプオイルは、浸透力と保湿性に優れたオイルで、その原料であるヘンプ（大麻）は地球環境への負担が軽く、食用としても優れた植物だと書いてあります。

麻といえば、布やひもなど繊維の原料というイメージでしたが、ヘンプの種子から採れるオイルが食用にも化粧用にもなることを知り、さっそく、東京・下北沢にあるレストラン麻で手に入れ使いはじめました。国内外の文献やインターネットを通じてその成分や効能を調べるごとに、関心はさらに深まっていったのです。使い続けるうちに、肌の調子も目に見えて整ってきました。ヘンプオイルを塗って食べて素肌すべすべになる。それが地球環境にも役立っている。ご紹介する手作りコスメやオーガニック料理を通じて、こんなすてきなことを実感していただければ幸せです。

はじめに…3

1章　ヘンプのある暮らし…8

morning ヘンプオイルで朝の身支度…10

lunch time お気に入りのレストランでヘンプランチ…14

night ヘンプ寝具にかこまれてグルーミング…18

holiday 近所の公園でスケッチ…22

2章　からだの外から…26

お肌うるおうヘンプオイル…28

この本で使う道具…30

この本で使う材料…32

基本のマッサージオイル…34

フェイスマッサージオイル…35

香りをプラス…36

ハンド＆ネイルマッサージオイル…38

フットマッサージオイル…39

クレンジングオイル…40

ヘアスタイリングオイル…41

バスオイル…42

スクラブ…44

リップクリーム…46

ボディバー…48

乳液…50

クレンジングクリーム…54

ハンドクリーム…56

フットクリーム…58

キャンドル…60

3章　からだの中から…62

麻の実食材でからだすこやか…64

朝ごはん…66
　　釈迦ごはん
　　青菜の麻の実ごま和え
　　大根と人参のみそ汁
　　ナッツバター
　　和風オニオンスープ

昼ごはん…70
　　青じそヘンプオイルパスタ
　　ごぼう麻の実炒飯
　　わかめとしょうがのスープ

夜ごはん…74
　　麻の実と豆乳の具だくさんドリア
　　温野菜サラダ
　　麻ねぎ丼
　　わけぎの麻酢味噌
　　麻ゴマ汁

休日ブランチ…78
　　釈迦ごはんとアボカドのヘンプマヨネーズがけ
　　かりかりナッツバター
　　ヘンプドレッシングのサラダ
　　きんぴらライスバーガー
　　テンペの照り焼きライスバーガー

Q&A…82

ショップリスト…86

メーカー・団体リスト…90

おわりに…94

■手作りコスメを楽しむための注意点
自然素材を使っているからといって、肌トラブルが起きないというわけではありません。使用前に腕の内側などに、少量を塗ってみて、かゆみやかぶれなど、異常が現れないかお確かめください。肌トラブルの原因となりますので、使用期限はお守りください。著者ならびに出版社は、手作りコスメの製作、使用による一切の損傷や負傷などについての責任を負いかねます。

1章 ヘンプのある暮らし

ヘンプってなに？

ヘンプ（HEMP）は、大麻の英語名でアサ科の1年草。4月に種を蒔き、7月には2〜3メートルに育ちます。世界各地で栽培され、元々、病害虫に強い作物なので、農薬や化学肥料を必要としません。ヘンプからは、衣類や食べ物だけでなく、紙、化粧品、建材、プラスチック、燃料などができ、石油と森林資源を代替するエコロジカルな植物として注目されています。 日本では、大麻取締法（くわしくはP84をご参照ください）により、マリファナの原料となる葉と穂の所持は禁止されていますが、種と茎は規制の対象外です。本書で登場するヘンプオイルは、種から搾った油です。

穂 医療品

種 食品・化粧品・燃料・塗料

葉 肥料・医療品・飼料

茎 繊維・建材・生分解性プラスチック・バイオ燃料

根 土壌改良材

morning ヘンプオイルで朝の身支度

11

morning　ヘンプオイルで朝の身支度

クッションの詰め物
麻の実を加工したときにでる麻殻（あさがら）は枕やクッションの詰め物にもなります。そば殻よりも頭へのフィット感があり、殻が固いので、比較的長持ち。

ベッドカバー、クッションカバー
タイやラオスの手織り生地を使ったヘンプ100％のカバー。糸がデコボコしていて、それが肌ざわりのよさを生み出します。写真は、みゆきの寝具の商品。

麻ひも
ヘンプアクセサリーの流行で入手しやすく、カラーバリエーションも豊富になりました。ぽこぽこしたものやなめらかなものなど質感も様々。写真は東京川端商事の商品。

首輪
ヘンプといえば、手作りアクセサリーが定番。手芸洋品店やエスニック系の雑貨店で売られているビーズや貝殻を編み込んで作ります。作り方の本も各社から発行されています。モデルは神茶屋のクロ。

CD
ヘンプの茎を混ぜて作ったヘンプ・プラスチックのCDケース。ベンツやBMWなどでは車の内装材にヘンプ繊維強化プラスチックが普及しています。ちなみにこのCDは、軽油の替わりにヘンプオイルで日本縦断したヘンプカーの走行記念CD。

足元のラグ
抗菌性が高く通気性に富むヘンプの特性を生かした衛生的なマット。イタリア製ヘンプ糸100%でつくられた3畳分もあるラグもレジナで商品化されています。

テーブルクロス
麻の布で市販されているものは、リネン(亜麻)がほとんど。リネンは、やや堅くて張りのある繊維ですが、ヘンプは、柔らかい繊維なので、触ると質感の違いがよくわかります。

ヘンプブレッド
麻の実入りの天然酵母パン。クルミのような味がする麻の実はパンにとってもよい食材。写真は栃木県粟野町の麻農家が経営するパントマイムより。

ヘンプ石けん(で洗顔)
ヘンプ石けんは、つっぱり感がなく、しっとりしているのが特徴。マジックソープ、Moonsoapといったブランドがあります。

手作りヘンプ乳液→p50-53

手作りヘンプリップクリーム→p47

ヘンプコスメ
ほとんど通信販売でインターネットから手に入れることができます。いくつかのブランド名で市販されていますが、中でもザ・ボディショップのHEMPシリーズ、ニューエイジトレーディングのナチュラルヘンプオイルシリーズが有名。

スリッパ　これもヘンプ製。

lunch time　お気に入りのレストランでヘンプランチ

15

lunch time お気に入りのレストランでヘンプランチ

オガラ（麻幹）
ランプを覆っている長い棒は、ヘンプの繊維をとった後の茎＝オガラ（麻幹）です。お盆の迎え火のために焚かれたり、茅葺屋根の材料として日本で古くから使われています。

衣類
ヘンプは、高温多湿な日本の気候にとても合った素材です。肌に清涼感があり、汗ばんでもべとつかず、乾きが早い。柔らかい繊維なので、着ていると肌になじみ、気持ちよさが実感できます。エコリューション、オブ・ザ・アース、リネーチャー、ア・ホープ・ヘンプ、リトルイーグル、オロミナといったブランドがあります。

バッグ
写真は、PURE（ドイツ製）。テラパックスのバッグも有名。

ヘンプ箸（バッグの中）
トウモロコシからできたポリ乳酸と麻茎を混ぜてできたヘンプ・プラスチックの箸。

手作りヘンプハンドクリーム（バッグの中）→p56-57

麻の実料理を出すレストラン
麻の実料理を出しているお店は全国に50店くらいあるそうです。写真は東京都港区白金台の神茶屋。

麻コーヒー
ブラジルやエクアドルからフェアトレード（途上国の環境や人権に配慮した貿易）で輸入されたコーヒー豆に麻の実をブレンドしたもの。ウィンドファームから発売されています。

ヘンプ紙
植物の中でもっとも強い繊維をもつヘンプ。耐久性にすぐれた紙になります。海外ではユーロ紙幣やタバコの巻紙に使われていますが、この本の見返しにも竹尾の「麻紙GA」という印刷用紙を使っています。

塗料
机の木目の艶出しにヘンプオイル塗料を使っています。石油を使った合成塗料ではないので、人体に安全で、ナチュラル感のある仕上げになります。

night ヘンプ寝具にかこまれてグルーミング

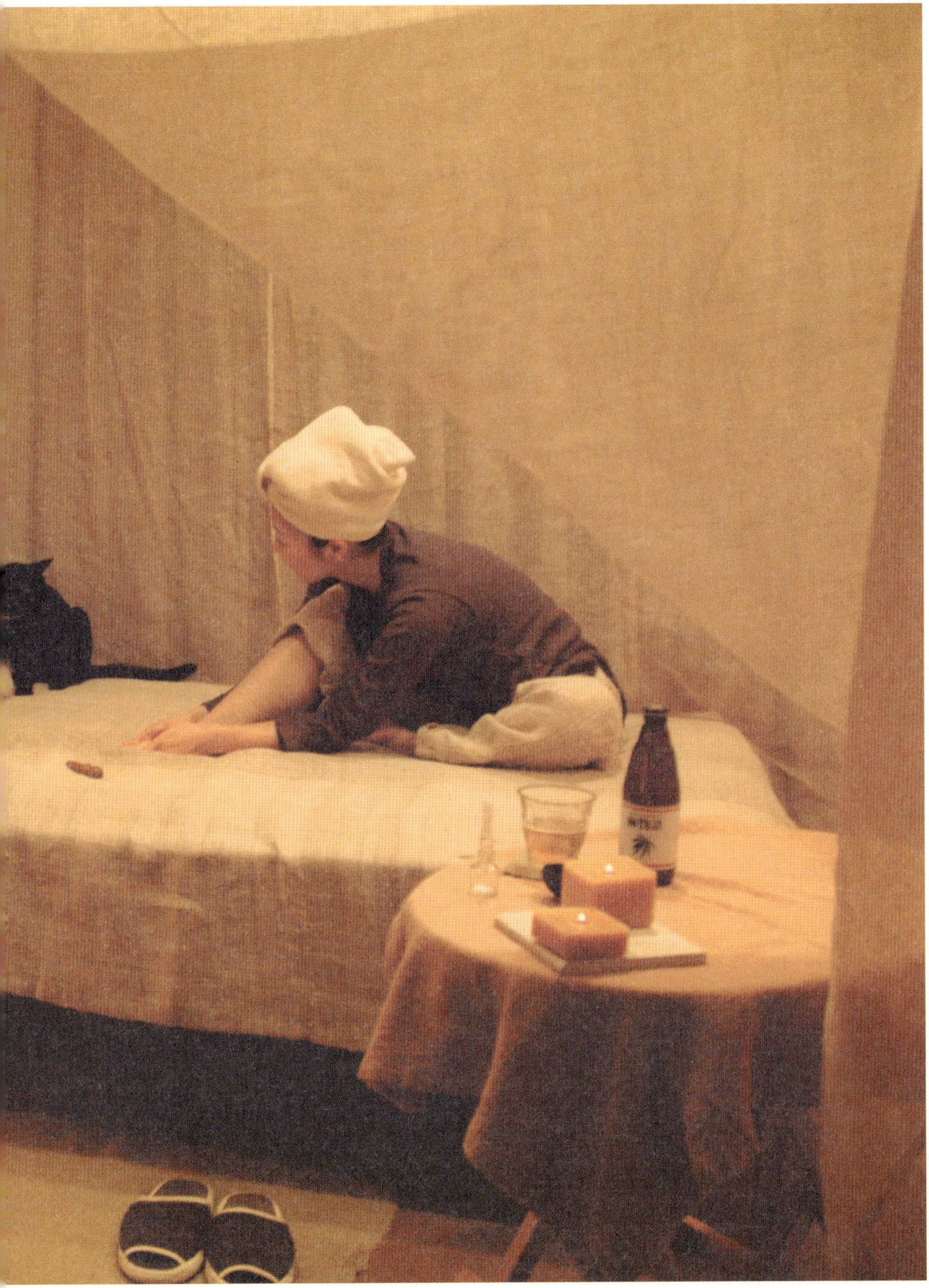

night ヘンプ寝具にかこまれてグルーミング

ヘンプ断熱材を使った壁
ヘンプ断熱材は、エルデから販売されています。ヘンプ繊維は、防カビ、防虫効果が高く、形が崩れないように工夫されているので、いつまでも高い断熱性能を保つことができるのが特徴です。

蚊帳
ヘンプ糸100%の蚊帳。風通しがよく湿度を調整する麻の蚊帳は、やすらかな眠りへといざないます。写真は、菊屋の商品。

ベッドパット
汗を吸って外に出す、ヘンプの特性を利用したベッド用の敷パット。日本の伝統技術で起毛させているので、綿のように柔らかい感触。レジナ製。

ランプシェード
国産のヘンプ原料を使った麻和紙のランプシェード。麻の繊維は、天然繊維の中でもっとも強いので、紙にするまでは手間がかかるそうですが、その風合いは、人を穏やかな気分にさせます。まるみ和紙製。

ヘンプタオル
ヘンプ55％、コットン45％で柔らかな肌触りのタオル。写真は、タオルの産地である愛媛県今治市の宇野タオル製。

手作りヘンプマッサージオイル→p34-39

手作りヘンプクレンジングオイル→p40
手作りヘンプクレンジングクリーム→p54-55

ルームウェア
ヘンプ衣料は、ヘンプ55％、コットン45％のものが多くみられます。これは、ヘンプの発散性とコットンの保温性、それぞれの長所を生かす割合なのです。オロミナの商品。

麻ビール
通常のビールは、麦芽、ホップ、水を発酵させたものです。実はホップとヘンプは、同じアサ科の植物で、ベルギーなどでは、ホップの代わりにヘンプを使ってビールをつくっていた歴史があります。

ヘンプキャンドル→p60-61
ヘンプオイルは、昔から明かりを灯すための灯明油として、菜種油、エゴマ油と同じように使われてきました。日本では、食用、化粧用だけでなく、日常生活全般に使われてきたのです。

麻ふとん
マッサージの後は速乾性のある麻ふとんで寝ます。ヘンプの紡績工場からでるくず（麻わた）を中にいれた麻ふとん（麻わた50％、ポリエルテル50％）。ジンノから麻ふとんセットが発売されています。

holiday
近所の公園でスケッチ

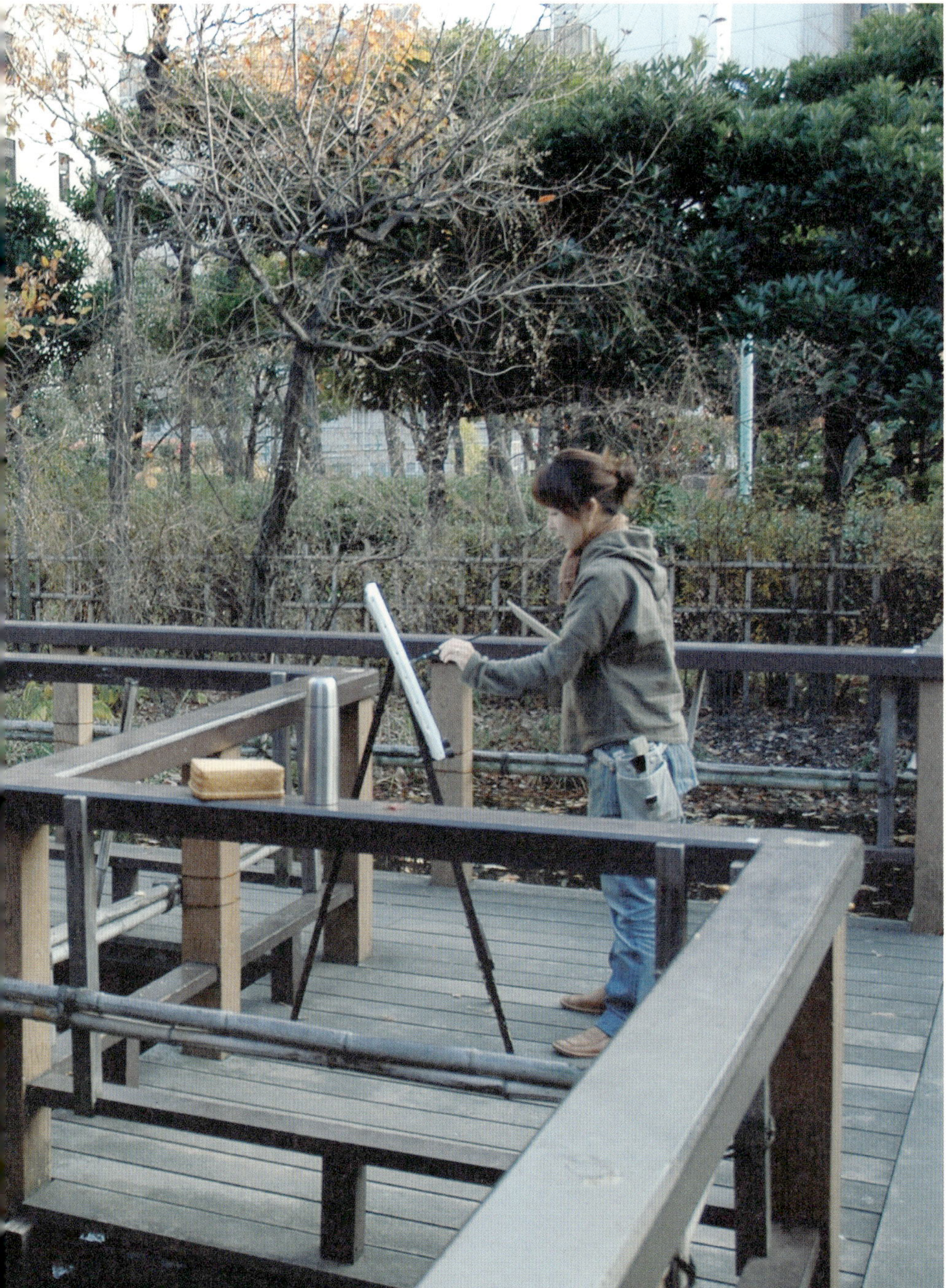

holiday　近所の公園でスケッチ

公園まで自転車に乗って
自転車のチェーンオイルには、ヘンプオイルからつくった潤滑油。自然に分解する、環境にやさしいオイルなのです。ファミリープロダクツというMTB(マウンテンバイク)メーカーから発売されています。

ストール
タイのヘンプ生地を使い、草木染された自然の風情いが楽しめるうさとのストール。カラーバリエーションもたくさんあるので、お気に入りの色でアレンジできます。

上着
タイの少数民族の手織り草木染めの布を生かしたデザインで創作活動をしているうさとの服。

ヘンプデニム
ジーンズ生地の由来は、アメリカの西部開拓で使われたテント生地。この生地こそヘンプ製だったことはあまり知られていません。リーバイスなどの各メーカーもヘンプのデニム生地を使ったジーンズを限定販売しています。

ソックス
杉山ニット製のヘンプソックス。

油絵の具
ヘンプオイルは、乾きやすい性質をもつので、かつて絵の具の溶き油として使われたこともありました。今では、亜麻仁油（フラックスオイル）が一般的です。

キャンバス生地
ヘンプの学名 Cannabis Sativa,L（カンナビス・サティバ・エル）のカンナビスが濁ってキャンバスと呼ばれるようになったそうです。近頃の市販品は、ヘンプではなく、亜麻（リネン）が使われています。

お弁当→p78-81

麻の実茶（入りの水筒）
茶葉の中に麻の実を煎ったものをブレンドしたもの。静岡県中川根町で無農薬栽培を実践されているお茶農家（静香農園）製。

腰に付けた用具入れバッグ
タイのモン族は、生活の衣料に今でもヘンプをたくさん使っています。彼らが元々使っていた種を蒔くための作業着をアレンジして腰巻バックにしたものです。PURE製。

2章 からだの外から

ヘンプオイルは、全身に使える植物オイルです。
さらっとしたつけごこちで、肌になじむので、出がけに顔や手足にのばしても、べたつきません。かるい肌ざわりながら、肌への浸透力、保湿性が高いため、皮膚を柔軟にし、うるおいを持続させます。表面を油分でコーティングして一時的に見栄えをよくするのではなく、深く浸透して肌を根本からすこやかにする、それがヘンプオイルなのです。
そんなヘンプオイルの長所を生かそうと編みだしたコスメレシピあれこれ。コスメ作りの過程も含めてヘンプオイルのある暮らしをお楽しみください。

お肌うるおうヘンプオイル

美しくうるおいのある健康な肌は、皮膚組織にある水分量によって決まります。
健康な肌は、水分量が多く、弾力がありますが、弱った肌や老化した肌は、水分量が少なく、かさかさしています。ヘンプオイルはリノール酸、α（アルファ）−リノレン酸、γ（ガンマ）−リノレン酸がバランスよく含まれているため、皮膚の角質層の深いところまで浸透し、細胞の隙間にある水分と結びつきます。また、皮膚細胞の水分保持とバリア機能に大切な皮膚の新陳代謝を活発にし、保護機能と免疫機能を高めます。さらに、天然のビタミンEが豊富なため、皮脂の酸化を抑え、シミやくすみ、肌荒れを防ぐ効果も期待できるのです。

肌にしみこむ力

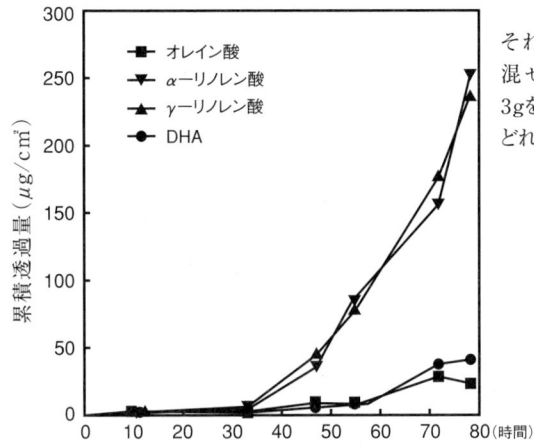

各種脂肪酸の累積透過量

凡例：
- オレイン酸
- α−リノレン酸
- γ−リノレン酸
- DHA

縦軸：累積透過量（μg/cm²）
横軸：時間（時間）

それぞれの脂肪酸を5％混ぜたエタノール溶液を3gを皮膚に塗り、78時間でどれだけ浸透したかを示す。

肌にとどまる力

各種脂肪酸の皮膚内滞留量

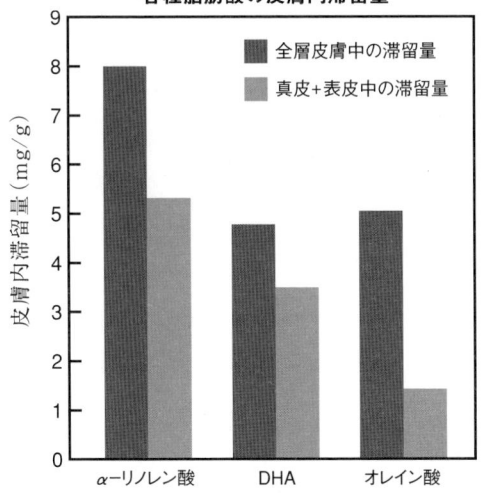

凡例：
- 全層皮膚中の滞留量
- 真皮＋表皮中の滞留量

縦軸：皮膚内滞留量（mg/g）
横軸：α−リノレン酸、DHA、オレイン酸

このグラフは、それぞれの脂肪酸を5％混ぜた親水軟膏（油分と水分が混ざっているクリーム状の軟膏）を3gに皮膚に塗り、78時間後に皮膚内部にどの成分が残っていたかを示す。

出典：『DHA高度精製抽出技術開発事業研究報告書』
（DHA高度精製抽出技術開発事業研究組合）

この本で使う道具

肌トラブルの原因となりますので、道具や保存容器、手指は必ず清潔にしてコスメ作りにとりかかってください。

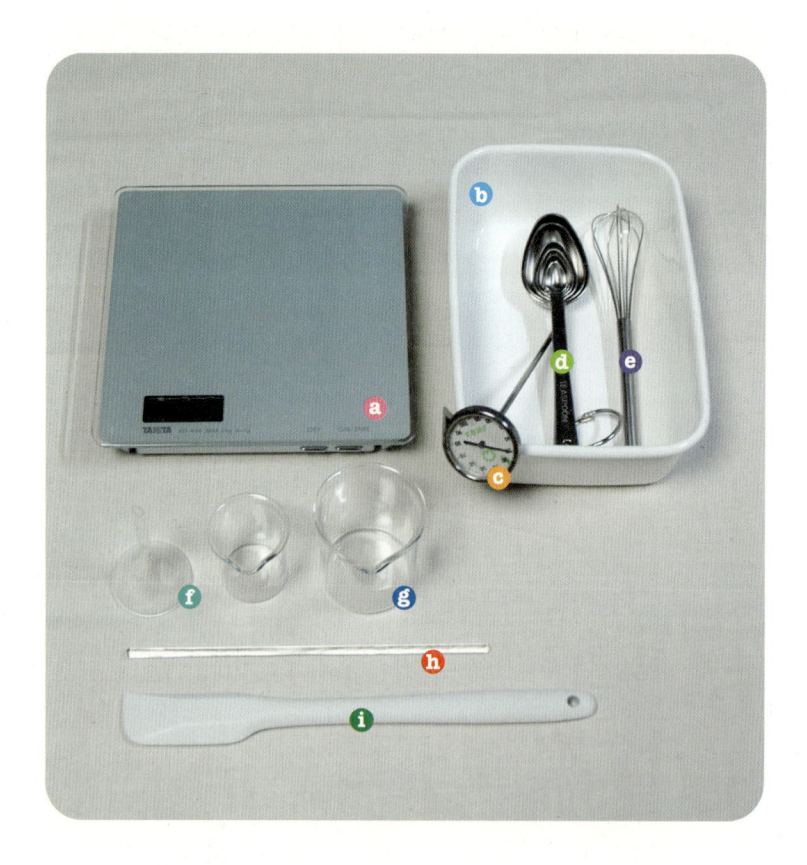

ⓐ はかり
1g単位で量れるデジタル式のもの。

ⓑ 湯せん用のバットまたは鍋
耐熱容器が2つ入る底が安定したもの。
浅めのものが使いやすい。直火にかけられる耐熱皿なども便利。

ⓒ 温度計
製パン用に売られているテーブル型のものが使いやすい。
実験用のガラス製棒状温度計でも可。

ⓓ 計量スプーン
大さじ15ml と 小さじ5ml と 小さじ1/2

ⓔ 泡立て器
耐熱容器の中で泡立てるので、自分の持っている容器に合うサイズ。

ⓕ ロウト
できあがったコスメを保存容器に移す際、あると便利。

ⓖ 耐熱容器
じかに量れるので、めもりのついたビーカーがあると便利。
この本では30mlと100mlのビーカーと250mlの計量カップを使用。

ⓗ 混ぜる棒
ワックスがこびりつくので、洗いやすいガラスやステンレス素材がベスト。
割り箸でも代用できます。

ⓘ ゴムベラ
先端の部分が細いものがよい。

この本で使う材料

アロマテラピーショップなどの化粧品基材を扱う店やインターネットショップでお求め下さい。

●ホホバオイル
カン木の種子から作られます。他のオイルに比べ、酸化の進行が極めて遅いのが特徴。成分が人間の皮脂によく似ていて、あらゆるタイプの肌に使うことができます。皮膚バリアのバランスを整える効果、毛穴の汚れを取るクレンジング効果もあり。

●アボカドオイル
アボカドの果肉から作られます。浸透性にすぐれており、乾燥肌にはおすすめ。皮膚の再生をうながし、かゆみをしずめます。老化防止効果や紫外線防止効果もありますが、炎症ニキビの原因となるアクネ菌が増殖するときの栄養分、オレイン酸の含有率が高め。単独で使われるよりも、他のオイルと一緒に配合されて使われることが多く、ホホバオイルやマカデミアオイルと1:3の割合で混ぜるとよいでしょう。酸化しにくい。

●マカデミアオイル
マカデミアの種実から作られます。血液やリンパの流れをよくするのでマッサージ向き。浸透性が高く、肌をなめらかに柔らかく保って保湿します。オレイン酸の含有率が高く、ニキビの原因になりやすいという難点も。若い肌の皮脂によくみられる、パルミトレイン酸という脂肪酸を多く含み、年齢を重ねた肌に特に効果あり。髪の毛にも好相性で、枝毛の多いばさばさの髪を滑らかにしてくれます。酸化しにくい。

●ローズヒップオイル
ローズヒップの種子から作られます。不飽和脂肪酸が多く含まれ保存がきかないため、少量ずつその都度必要な分だけ買うことをおすすめします。オイルの中に皮膚の再生を早める働きのあるトランスレチノイン酸が含まれているため、細胞膜の機能性を高め皮膚の老化防止によいとされています。

●植物性グリセリン
植物油脂から石けんや脂肪酸を製造する際の副生物を精製したもの。保湿、柔軟剤として使われます。薬局では鉱物性グリセリンと植物性グリセリンを区別して販売しているところが少ないため、手作り化粧品基材を扱う店で手に入れましょう。

●コーンスターチ
粒子が細かい化粧品基材のコーンスターチもありますが、食用でも可。滑石を粉にしたタルクでも代用できます。

●尿素
弱い殺菌作用や傷を治癒する作用などがあり、ハンドクリーム、ローションに配合されます。湿潤剤としてはシャンプーに、そのほか石けん、アイライナー、ファンデーション、日焼け止めクリームなどに使用されます。

●キャンデリラワックス
キャンデリラという植物の茎から採れるロウ。リップクリームによく使われます。

- **ミツロウ**
ミツバチの巣から得られるロウ。

- **シアバター**
きょう木シアのマンギフォリア品種の種子から作られます。他の植物油と比べてビタミンEやプロビタミンAなどの肌に効果的な微量成分の割合が高い。皮膚を柔らかく保ち、怪我や炎症の治癒プロセスをサポートします。非常に酸化しやすいため、必要量を買い冷蔵庫で保存しましょう。

- **植物性乳化ワックス**
他の乳化剤にくらべ、肌への刺激が少ないワックス。植物性乳化ワックスは、劣化すると乳化しにくくなります。半年以内に使うのが目安。

- **精製水**
薬局で買えます。水道水に比べ手作りコスメを長持ちさせてくれます。

- **精油（エッセンシャルオイル）**
「100% PURE OIL」という表示があるものを選びましょう。精油は空気に酸化しやすく、熱や光に弱く、揮発性なので瓶のふたを開けている時間は極力短くしましょう。

- **芳香蒸留水**
蒸留法によって精油を抽出する際にできる副産物。フローラルウォーター、ハーバルウォーターとも呼ばれます。直接肌につけることができます。種類もたくさんあり、効果もさまざま。

    - **カモミールウォーター**
    乾燥肌、敏感肌、アレルギー性皮膚炎の方に。日焼けのあとやニキビなど炎症を起こしている肌、かゆみのある肌に適しています。

    - **ラベンダーウォーター**
    皮脂分泌のバランスをとるのでどんな肌タイプの方でも使えます。ニキビができやすい人には特におすすめ。日焼けによるほてり、やけど、小さな傷などを回復させます。

    - **オレンジフラワーウォーター**
    またの名をネロリウォーター。細胞の成長を促進させるため乾燥肌、老化肌に適していて、くすんだ肌を明るくします。フローラル調で好まれる香り。

    - **ローズウォーター**
    すべての肌質の方に。穏やかな抗炎症、殺菌効果があり、皮膚の老化を防ぐと言われています。ローズの精油は高価でなかなか……という方は、ローズウォーターを。

    - **ローズマリーウォーター**
    収れん効果がとても高く、脂性肌の方に適しています。血行を促進し、ふけを抑制するのでヘアトニックとして使うのもおすすめ。

    - **ウィッチヘーゼルウォーター**
    皮脂分泌を抑え、収れん効果が高いので脂性肌の方に。暑い季節にべたつく肌にぴったり。また、止血作用があるのでシェービングあとにも適しています。

基本のマッサージオイル
(3回分くらい、冷蔵庫で1ヵ月保存可能)

ヘンプオイル…小さじ1
ホホバオイル…大さじ1
(お好みで精油…2滴)

＊濃厚なヘンプオイルにホホバオイルが加わり、さらになめらかな感触に。肌が欲しがる栄養をたっぷりふくんだヘンプオイルと、すべりをよくするホホバオイルをブレンド。1:3が黄金バランスです。

フェイスマッサージオイル

（3回分くらい、冷蔵庫で1ヵ月保存可能）

基本のマッサージオイル…全量
ローズヒップオイル…小さじ1
（お好みで精油…2滴まで）

＊マッサージ後は蒸しタオルを顔に広げ、有効成分を肌に浸透させていきます。タオルがほんのり温かいうちにオイルをよく拭き取り、洗顔料でしっかり洗い流してください。髪の生え際、鼻の周り、耳の下からあごにかけて洗い残しのないように。

フェイスマッサージ

1 目をかるくとじ、まぶたの骨のふちにそって、両手の中指で目頭から目尻に3回すべらせる。

2 下まぶたも同じように骨のふちにそって目頭から目尻に3回すべらせる。

3 あごの先端から小鼻のわきを通って額、こめかみへと両手の中指と人差し指ですべらせる。

4 両手の人差し指、中指、薬指で額を支えながら、親指でほお骨の下を内側から外へ3回すべらせる。

5 合掌するように人差し指をあご先にあて、あごの輪郭をなぞりながら、両手の中指と薬指でこめかみまでほほをもちあげる。

6 両手の人差し指、中指、薬指の全体を使い、あごから鎖骨に向けて首全体をまんべんなくなでおろす。

7 親指と人差し指で耳たぶをつかんでくるくる回す。

香りをプラス

＊手作りコスメにお好みで精油（エッセンシャルオイル）を加えて、香りによるリラックス効果も取り入れましょう。肌の弱い方はご使用をお控えください。

ジュニパー

利尿作用があり、リンパの流れを促進するジュニパー油は、手足の冷えやむくみに効果的です。また、毛穴を引き締め、脂性の肌質改善に役立ちます。心配で不安な気持ちを浄化し、困難に立ち向かう気持ちを高めてくれる精油です。

ゼラニウム

血液の流れを促進し、こりや関節の痛みの緩和に効果が期待できます。皮脂分泌のバランスを取り、特に乾燥肌に最も効果的といわれています。ストレスや働きすぎで疲れた心を回復し、情緒豊かな人生へと連れ戻してくれる精油です。妊娠中は使用しないでください。

ティートリー

強力な抗菌性を持ち免疫力を高めるため、風邪やインフルエンザなどの感染症に効力を発揮します。殺菌力も強く、ニキビ予防におすすめです。意欲を高め前向きな気持ちへと促してくれる精油です。

マージョラム

疲労回復に役立ち、筋肉痛の緩和に効果が期待できます。血液循環をよくするので、くすみを防ぎ、明るい肌色へと導きます。この精油は強い孤独感に襲われた時、不安な心を鎮めてくれます。妊娠中は使用しないでください。

ラベンダー

はじめて買うならさまざまなシーンで使えるこのオイル。軽い火傷、日焼け後のケア、乾燥による皮膚のかゆみなどにお使いください。高いリラックス効果があり、感情のバランスをいい状態に維持します。妊娠中は使用しないでください。

ローズマリー

心臓に働きかけるローズマリーは、脳の血液量を増加させ、頭脳を明晰にして記憶力を高めます。強い引き締め効果があるので、たるんだ肌におすすめです。自信を増し、明確で現実的な目標を設定するのを助けてくれる精油です。抗酸化作用があるため、手作り化粧品にブレンドすると酸化の進行を抑えてくれます。妊娠中は使用しないでください。

組み合わせ例

GOOD / 良い
- ラベンダー ＋ マージョラム
- ラベンダー ＋ ローズマリー
- ローズマリー ＋ ゼラニウム
- ティートリー ＋ ゼラニウム
- ジュニパー ＋ ゼラニウム
- ジュニパー ＋ ラベンダー

VERY GOOD / すごく良い
- ローズマリー ＋ マージョラム
- マージョラム ＋ ティートリー
- マージョラム ＋ ジュニパー
- ティートリー ＋ ジュニパー
- ゼラニウム ＋ ラベンダー

ハンド＆ネイルマッサージオイル

（3回分くらい、冷蔵庫で1ヵ月保存可能）

基本マッサージオイル…全量
アボカドオイル…小さじ1
（お好みで精油…4滴まで）

＊アボカドオイルが甘皮に栄養を与えて健康な爪に整えてくれます。マッサージ後、乾いたタオルで余分な油分を拭き取ってください。

ハンド＆ネイルマッサージオイル

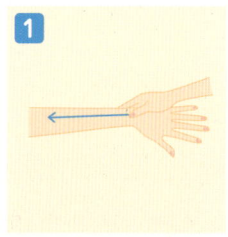

1
右手で左手の甲をにぎりこむようにつかみ、右手の親指の腹を左手外側、中指の骨と手首が交わるくぼみにおき、ひじに向かって3回すべらせる。

2
右手の親指の腹で、左手の甲の骨と骨の間のみぞを手首に向かってそれぞれ2回ずつすべらせる。

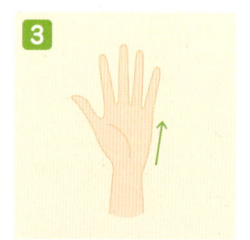

3
右手の親指の腹で、左手の小指側の側面を指のつけ根に向かって3回すべらせる。

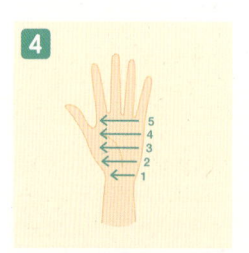

4
右手の親指の腹で左手のひらを小指側から親指側へ押しながらまんべんなくすべらせる。

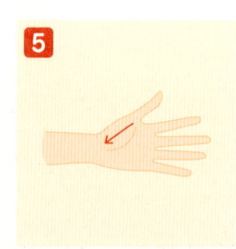

5
右手で左手をにぎりこむようにつかみ、右手の親指の腹で、左手のひらの親指のつけ根のふくらみを手首に向かって3回押しすべらせる。

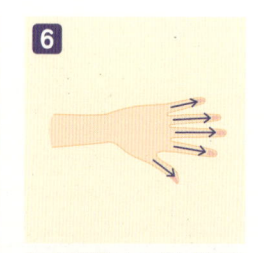

6
右手の親指と人差し指で左手の指を1本ずつ強めにつかんで引き抜く。引き抜いた指の爪の両脇を強めにはさむ。左手も1から同じようにくり返す。

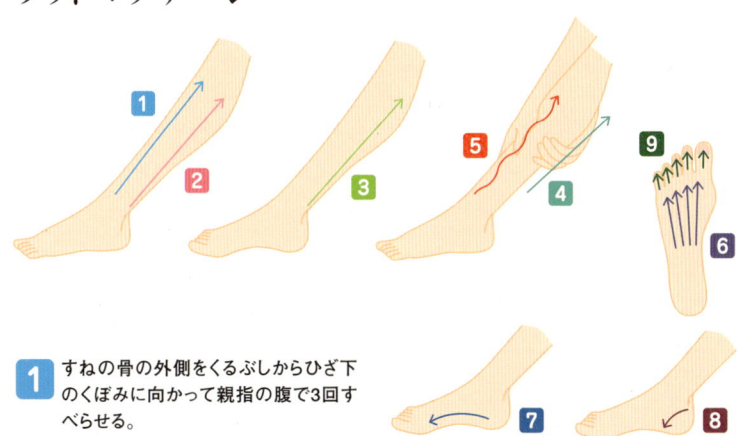

フットマッサージオイル
（2回分くらい、冷蔵庫で1ヵ月保存可能）

基本マッサージオイル…全量
マカデミアオイル…大さじ1
（お好みで精油…6滴まで）

＊ちょっと少ないかなという程度を手に取り、両手でよく温めてから足につけ、マッサージをはじめます。マッサージをしている間にどんどん浸透していきますが、オイルのべたつきが気になる場合は仕上げにタオルで拭き取ってください。

フットマッサージ

1 すねの骨の外側をくるぶしからひざ下のくぼみに向かって親指の腹で3回すべらせる。

2 外側のくるぶしとアキレス腱の間のくぼみからひざ裏に向かって、骨にそって親指の腹で3回すべらせる。

3 内側のくるぶしからひざうらに向かって、骨にそって3回すべらせる。

4 両手人差し指の親指側の側面を使い、肉を持ち上げるようにふくらはぎを下から上へすべらせる。

5 足首からひざに向かい、かるくぞうきんを絞るように両手でねじりあげていく。

6 足の甲の骨の間のみぞを、1本ずつつま先に向かって両手の親指を使ってなぞっていく。

7 土踏まずの内側をかかとからつま先に向かって、親指の腹で骨にそってアーチ状に3回すべらせる。

8 かかとの内側を親指の腹で丸みにそってアーチ状に3回すべらせる。

9 手の親指と人差し指で足の指を1本ずつつかんで根本から3回引き抜く。

クレンジングオイル
（2回分くらい、冷蔵庫で1ヵ月保存可能）

ヘンプオイル
ホホバオイル
アボカドまたはマカデミアオイル   　各小さじ1
グリセリンまたはひまし油
（お好みで精油…1滴まで）

＊精油を入れる場合は必ずよく混ぜて、精油の濃度が高い部分が残らないようにしてください。グリセリン（またはひまし油）によってオイルの粘度を高め、目に入りにくくします。顔全体にのばし化粧を浮かせた後、ティッシュ等で軽くオイルを拭き取り、洗顔料でしっかり洗い流してください。

ヘアスタイリングオイル
(10回分くらい、冷蔵庫で1ヵ月保存可能)

ヘンプオイル　　　　] 各小さじ1
マカデミアオイル
(お好みで精油…2滴まで)

*ごく少量を手に取り、手のひらに広げてタオルドライした毛先につけます。トリートメント効果が高く、ぱさついた髪もさらさらの指通りになります。

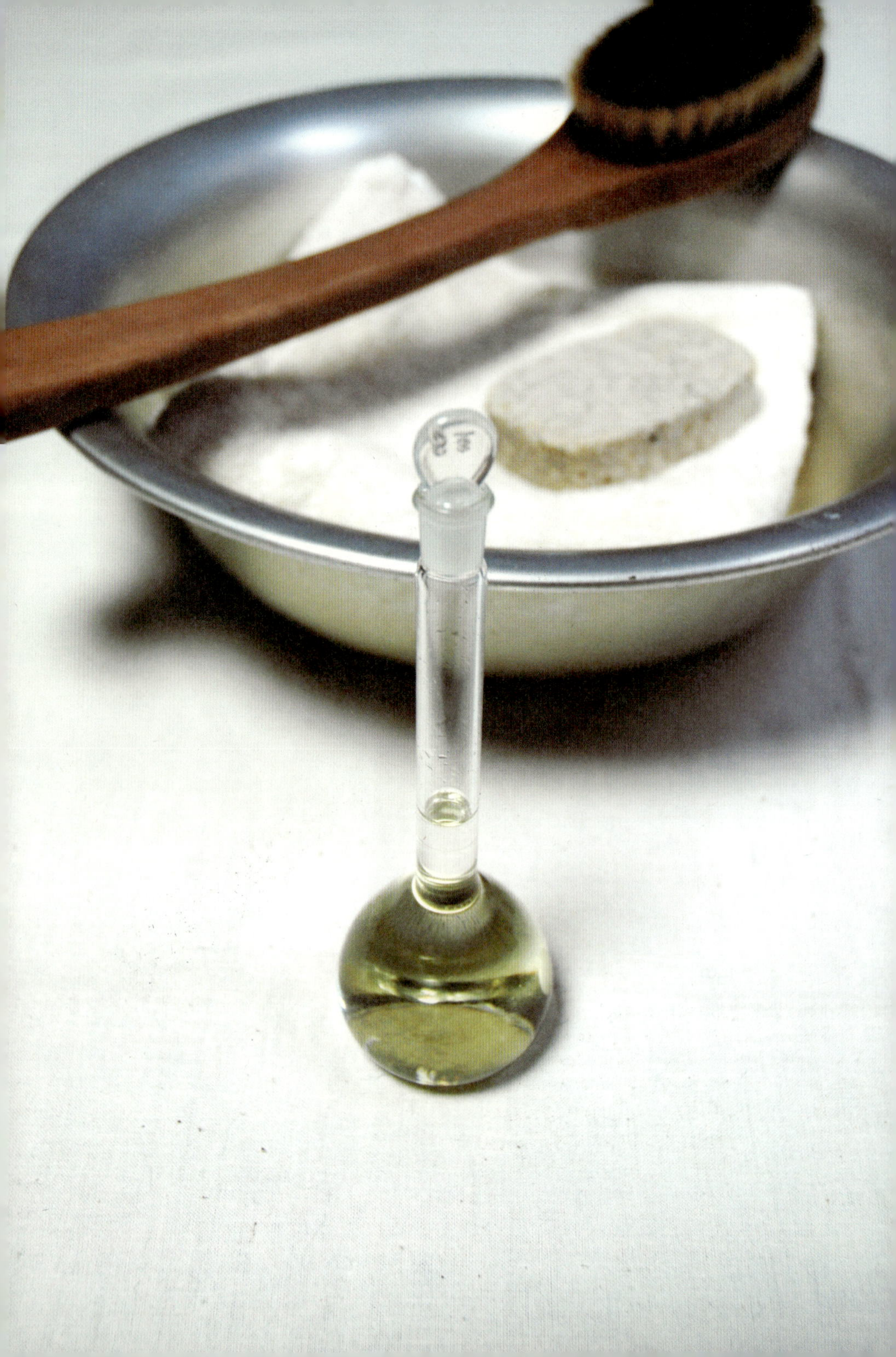

バスオイル

（1回分）

ヘンプオイル…小さじ1
精油…6滴（数種類の精油を使う時は合わせて6滴になるように）

＊バスオイルがリラックス効果を高めます。はりつめた神経を緩ませ、筋肉の疲れや痛みを和らげてくれるでしょう。ヘンプオイルを入れることで湯上りの肌はしっとり。就寝前にはリラックス効果の高いラベンダーがおすすめです。オイルと精油をよく混ぜてからお風呂に入れてください。

＊風邪気味のとき
免疫力を高めるティートリー＆体を温めるマージョラム

＊筋肉痛に
筋肉を柔軟にするローズマリー＆筋肉の痛みを和らげるラベンダー

＊肩こりに
コリをほぐすジュニパー＆痛みや炎症を鎮めるマージョラム

＊足のむくみに
コリをほぐすジュニパー＆筋肉の痛みを和らげるラベンダー

＊冷えに
血液の流れを促進するゼラニウム＆コリをほぐすジュニパー

＊目の疲れに
痛みや炎症を鎮めるマージョラム＆筋肉の痛みを和らげるラベンダー

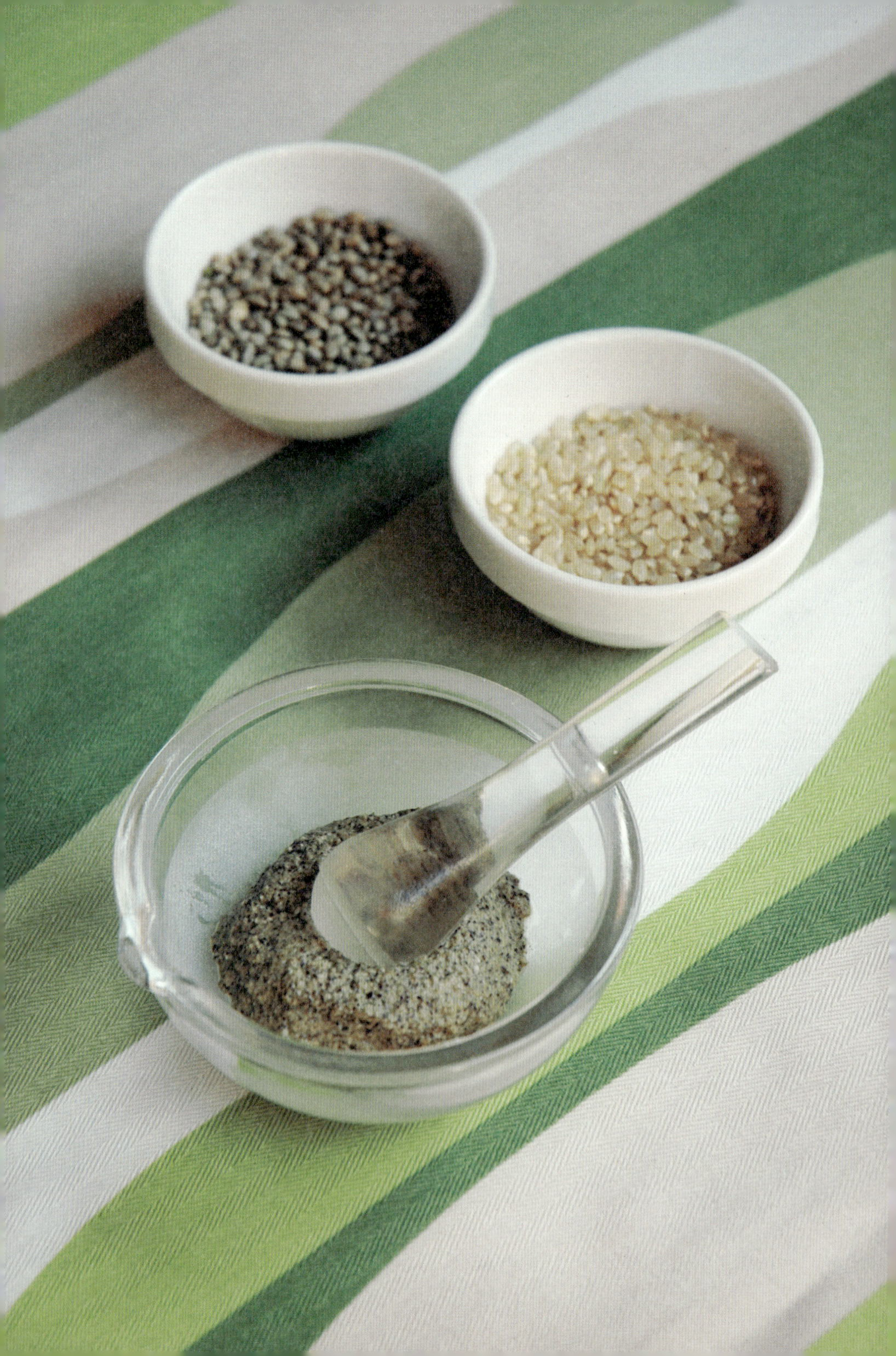

スクラブ
（2回分くらい、冷蔵庫で1ヵ月保存可能）

ヘンプオイル…大さじ1
麻の実粉…小さじ1
米ぬか（生）…大さじ2
日本酒…大さじ1
精油…1滴まで

＊洗顔後、濡れた肌に適量をのばしやさしく滑らせた後、洗い流します。目や口のまわりを避け、強くこすらずにやさしくスクラブしましょう。乾燥の気になるひじ、ひざ、かかとにも。なめらかな使い心地をお好みの場合は、麻の実粉と米ぬかを乳鉢でよくすってから混ぜてください。生の米ぬかは米穀店で手に入ります。アルコールに弱い方は日本酒の替わりに水を使ってください。

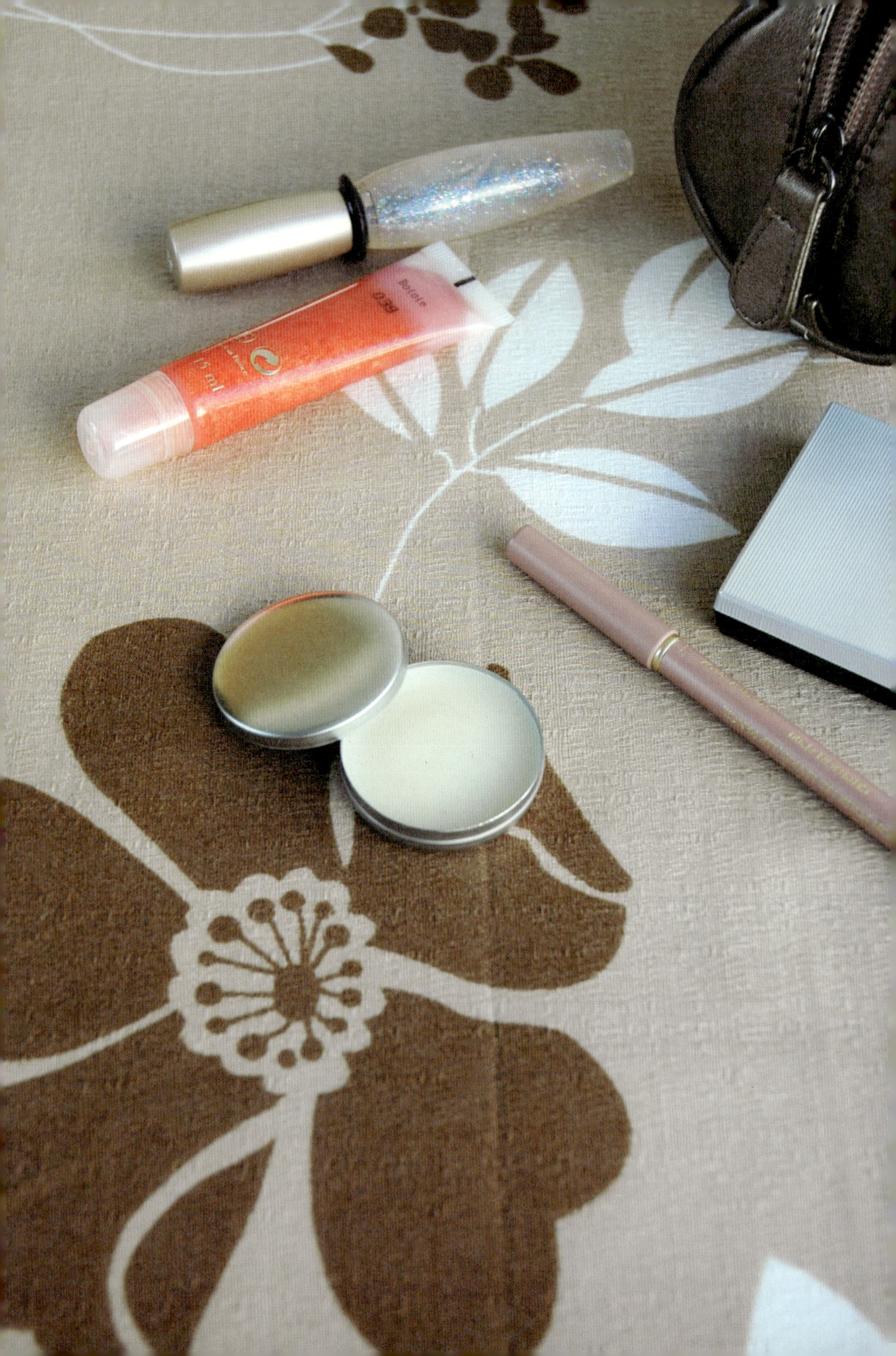

リップクリーム

（直径4cm・厚さ8mmの缶なら2個分、リップチューブなら1〜2本分、冷蔵庫で1ヵ月保存可能）

ヘンプオイル
シアバター　　　各小さじ1
ホホバオイル
キャンデリラワックス
（お好みで製菓用オイル…2滴）

耐熱容器…1つ
湯せん用の鍋…1つ
混ぜる棒…1つ

1. 耐熱容器に材料をすべて入れる。
2. 湯せんにかける。
3. オイルとワックスがよくなじむようにしっかり混ぜ合わせる。
4. ワックスが完全に溶けたら容器に流し入れ、固まるまでそのまま冷やす。

＊香りをつけたいときは、湯せんからおろしてからバニラオイルなど製菓用のオイルを加え、よく混ぜます。リップチューブは市販のリップクリームでよく使われている、円柱型のものです。手作り化粧品コーナーで売られています。

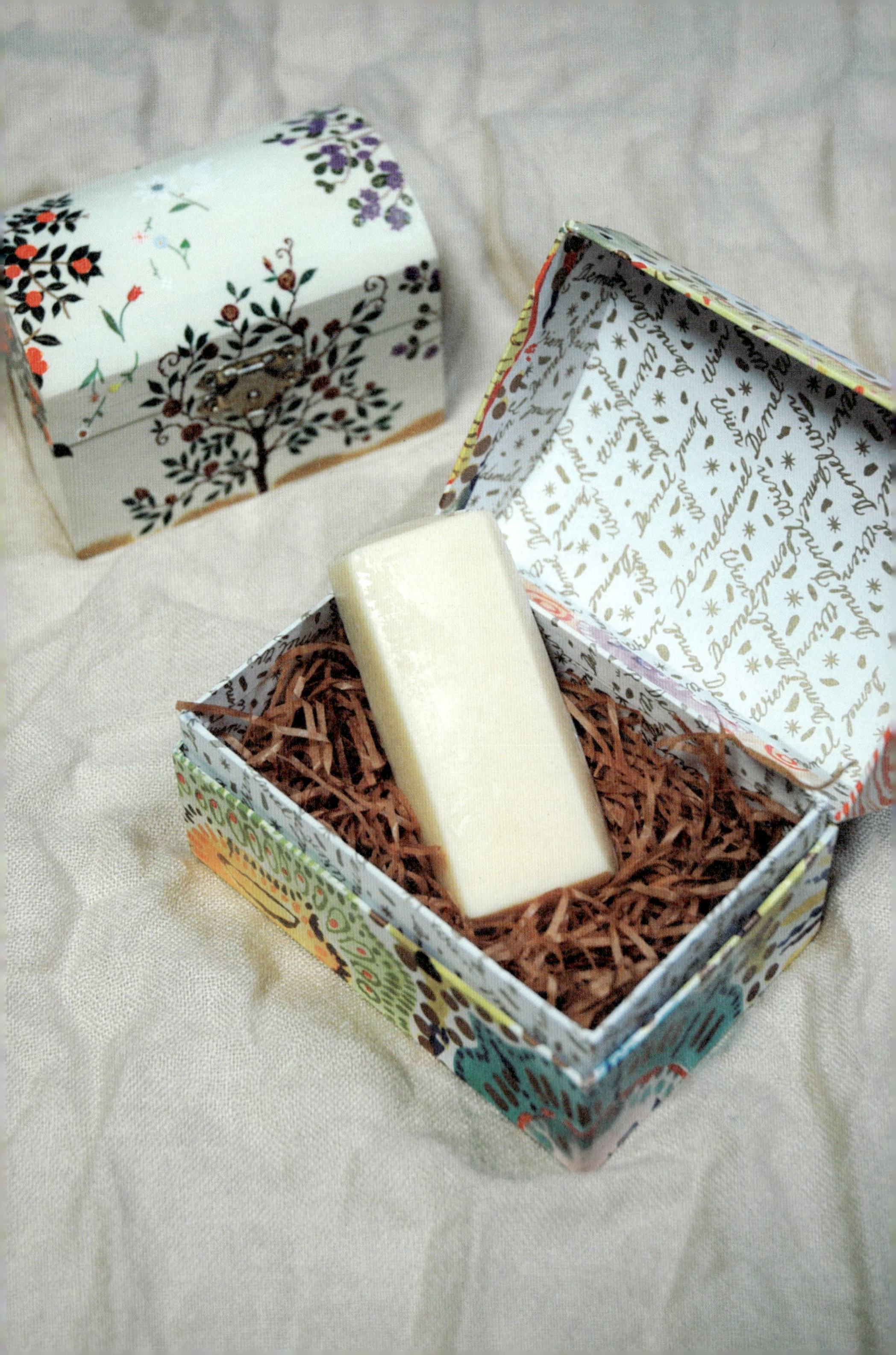
Demel
Wien

ボディーバー
（1個分、80mlくらい、冷蔵庫で1ヵ月保存可能）

a ┌ ヘンプオイル…大さじ1
　├ マカデミアオイル…大さじ1
　└ キャンデリラワックス…大さじ2
シアバター…大さじ1
コーンスターチ…10g
（お好みで精油…8滴まで）

耐熱容器…1つ
湯せん用の鍋…1つ
混ぜる棒…1本

1. aを耐熱容器に入れ、湯せんにかけて溶かす。
2. 完全に溶けたら、シアバターを加え、溶かす。
3. シアバターが溶けたらコーンスターチを加え、よく混ぜる。
4. コーンスターチがなじんだらお好みで精油を加え混ぜる。
5. 型に流し込み、平らな台の上に型の底をトントンと軽く打ちつけて空気を抜き、室温（夏場は室内の涼しい場所）で2～3日熟成させる。

＊手に持って、ひじやひざなど乾燥の気になる部分にすべらせて使います。体温で温まったボディバーの成分が、適度に溶け出して肌に浸透します。流し込む型は握りやすい形状がいいでしょう。写真では製菓用の小さなパウンドケーキ型を使いました。

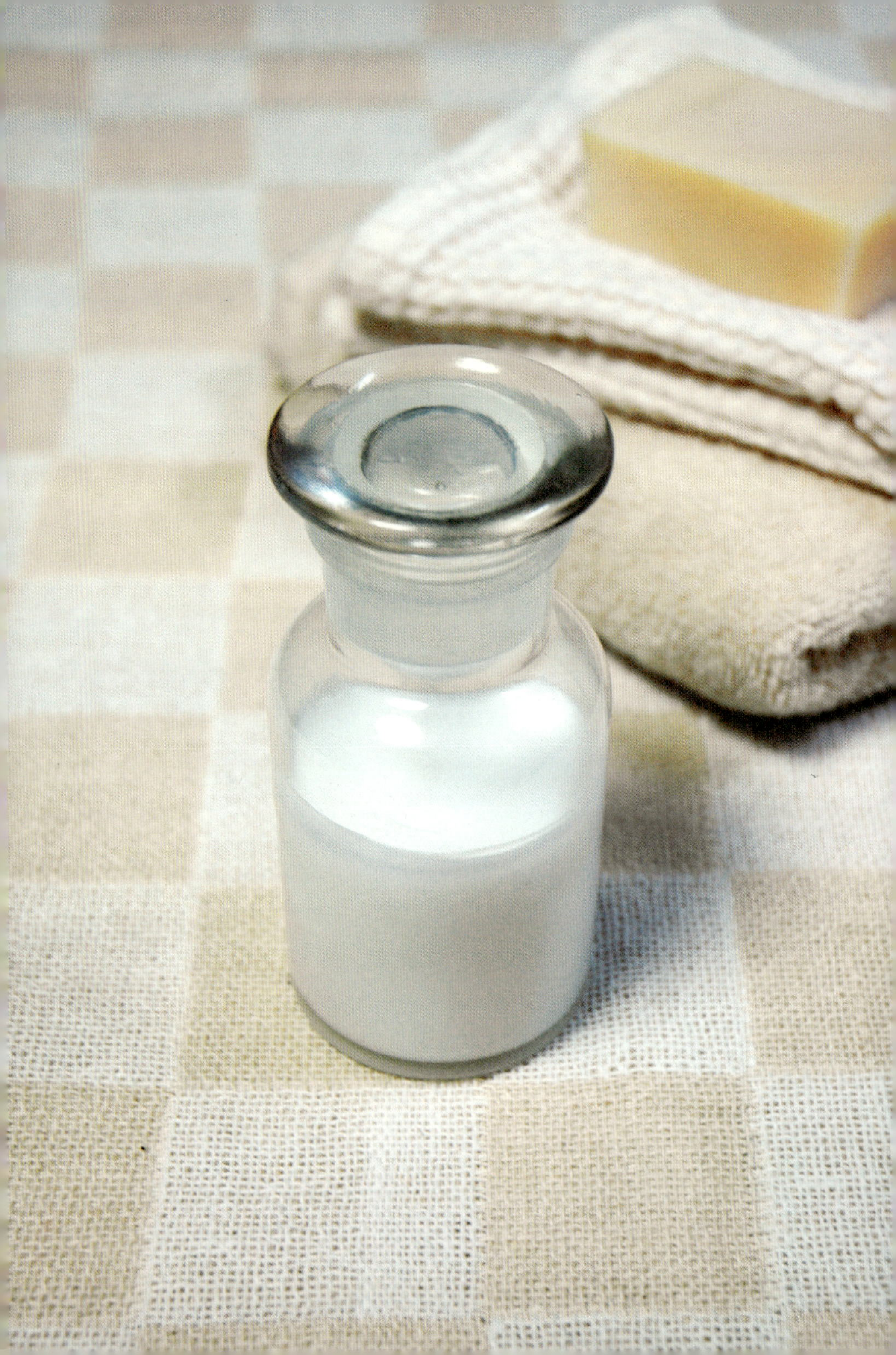

乳液
（110mlくらい、冷蔵庫で2週間保存可能）

a ┌ ヘンプオイル…大さじ1
  │ ローズヒップオイル…小さじ1
  └ 植物性乳化ワックス…2g

b ┌ 精製水…50cc
  └ 芳香蒸留水（または精製水）…40cc

（お好みで精油…5滴まで）

耐熱容器…2つ
湯せん用の鍋…1つ
混ぜる棒…2本
温度計…1本
小さい泡だて器…1本

1. 耐熱容器を2つ用意し、1つにa、もう1つにbを入れる。
2. 鍋に湯を沸かして容器2つを同時に湯せんにかける。
3. 湯せんにかけながら、aのオイルとワックスを棒でしっかり混ぜ合わせる。
4. ワックスが完全に溶けたら、ab両方の中身の温度を測り、同じくらいの温度（60〜70度）であることを確かめ、湯せんからおろす。
5. bをaの容器に混ぜながら少しずつ加える。30分ほど、ひたすら泡だて器でよく混ぜる。この工程を怠ると分離してしまうので、慣れないうちは、30分混ぜ続けた後も、5分おきに何度も混ぜる。
6. 完全に冷めたら、精油を加え混ぜる。
7. 清潔な容器に入れ、冷蔵庫で保存する。

＊べたつきのない軽いつけ心地が気持ちいい乳液です。冬の乾燥でかゆくなるときは、かゆみ防止や肌の炎症を和らげる効果のあるラベンダーの精油を加え、ボディローションとしても使いましょう。失敗して、分離させてしまったクリーム類はシャンプーの時に使えます。髪を十分にぬらして普段のシャンプーにたっぷり混ぜて毛先中心に洗います。その後、頭皮中心に普通に洗い流します。洗いあがりしっとりです。

乳液の作りかた

1 耐熱容器を2つ用意し、1つにa、もう1つにbを入れる。

2 鍋に湯を沸かして容器2つを同時に湯せんにかける。

3 湯せんにかけながら、aのオイルとワックスをよく混ぜ合わせ、なじませる。

4 ワックスが完全に溶けたら、両方の中身の温度を測り、同じくらいの温度（60〜70度）であることを確かめ、湯せんからおろす。

5 bを、aの容器に加えながら、30分ほど、ひたすら泡だて器でよく混ぜる。この工程を怠ると分離してしまうので、慣れないうちは、30分混ぜ続けた後も、5分おきに何度か混ぜる。

6 クリームが完全に冷めたら精油を加え混ぜる。

7 清潔な容器に入れ、冷蔵庫で保存する。

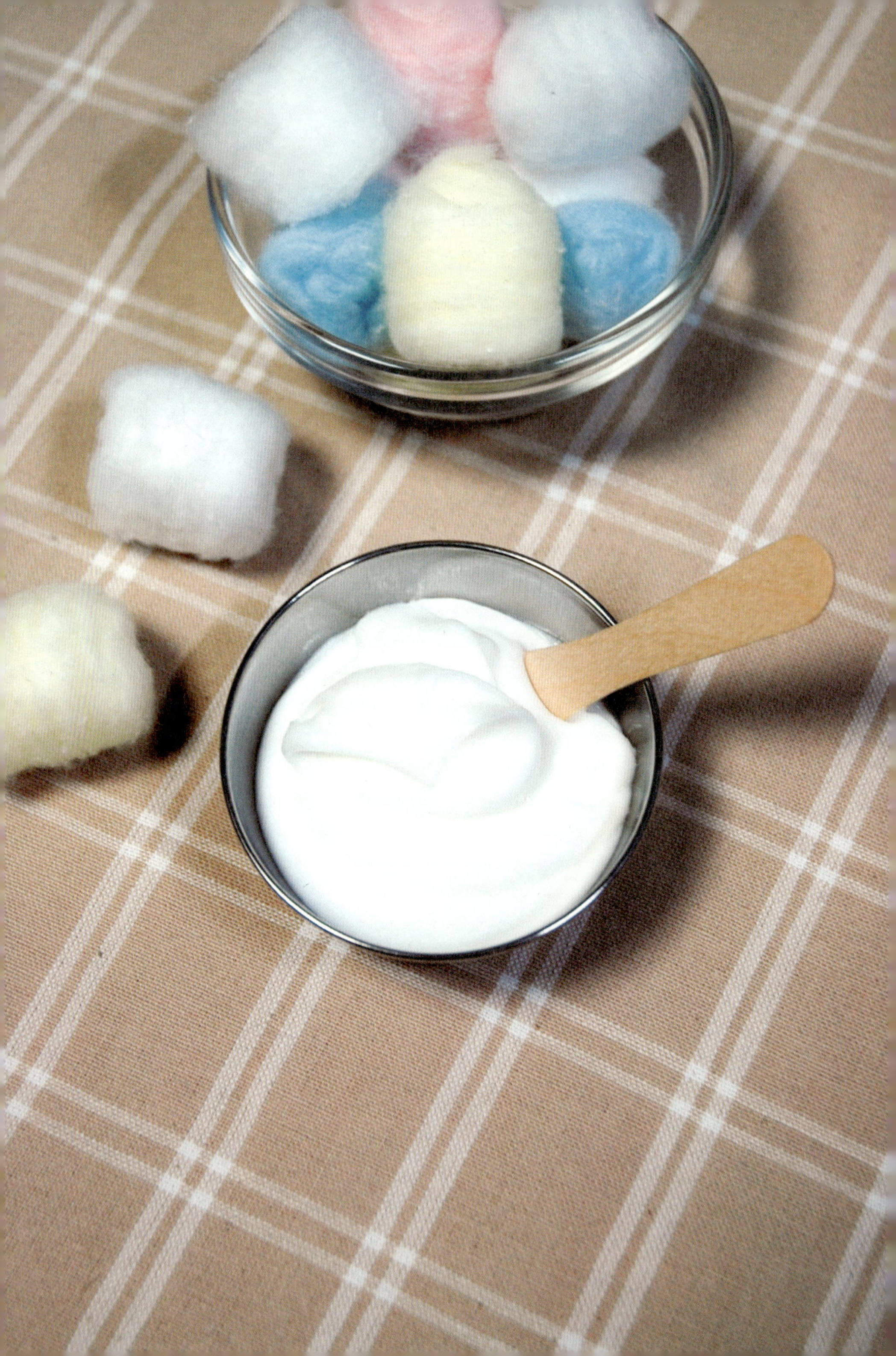

クレンジングクリーム

（100mlくらい、冷蔵庫で2週間保存可能）

a ┌ ヘンプオイル…大さじ1
　├ ホホバオイル…大さじ2
　├ ローズヒップオイル…大さじ1
　└ 植物性乳化ワックス…5g
芳香蒸留水（または精製水）…大さじ2
（お好みで精油…5滴まで）

耐熱容器（容量100mlくらいのもの）…2つ
湯せん用の鍋…1つ
温度計…1本
小さい泡だて器…1本
ゴムベラ…1本

1. 耐熱容器を2つ用意し、1つにa、もう1つに芳香蒸留水（または精製水）を入れる。
2. 鍋に湯を沸かして容器2つを同時に湯せんにかける。
3. 湯せんにかけながら、aのオイルとワックスをよく混ぜ合わせ、なじませる。
4. ワックスが完全に溶けたら、両方の中身の温度を測り、同じくらいの温度（60〜70度）であることを確かめ、湯せんからおろす。
5. 芳香蒸留水（または精製水）を、aの容器に加えながら、30分ほど、ひたすら泡だて器でよく混ぜる。この工程を怠ると分離してしまうので、慣れないうちは、30分混ぜ続けた後も、5分おきに何度か混ぜる。
6. クリームが完全に冷めたら精油を加え混ぜる。
7. 清潔な容器に入れ、冷蔵庫で保存する。

*体温になじんでするすると伸びのよいクレンジングクリームです。まずポイントメークを少量のクリーム（またはオイル）を含ませた綿棒など使って落とし、それから顔全体にクリームをやさしく滑らせるようにのばして、汚れを浮かしていきます。軽くティッシュで拭き取ってから、洗顔料を泡立て丁寧に洗い流します。ヘンプコスメでクレンジングするとダブル洗顔してもつっぱり感がありません。クレンジングオイルとクリームは使い勝手や感触の好みで使い分けてください。

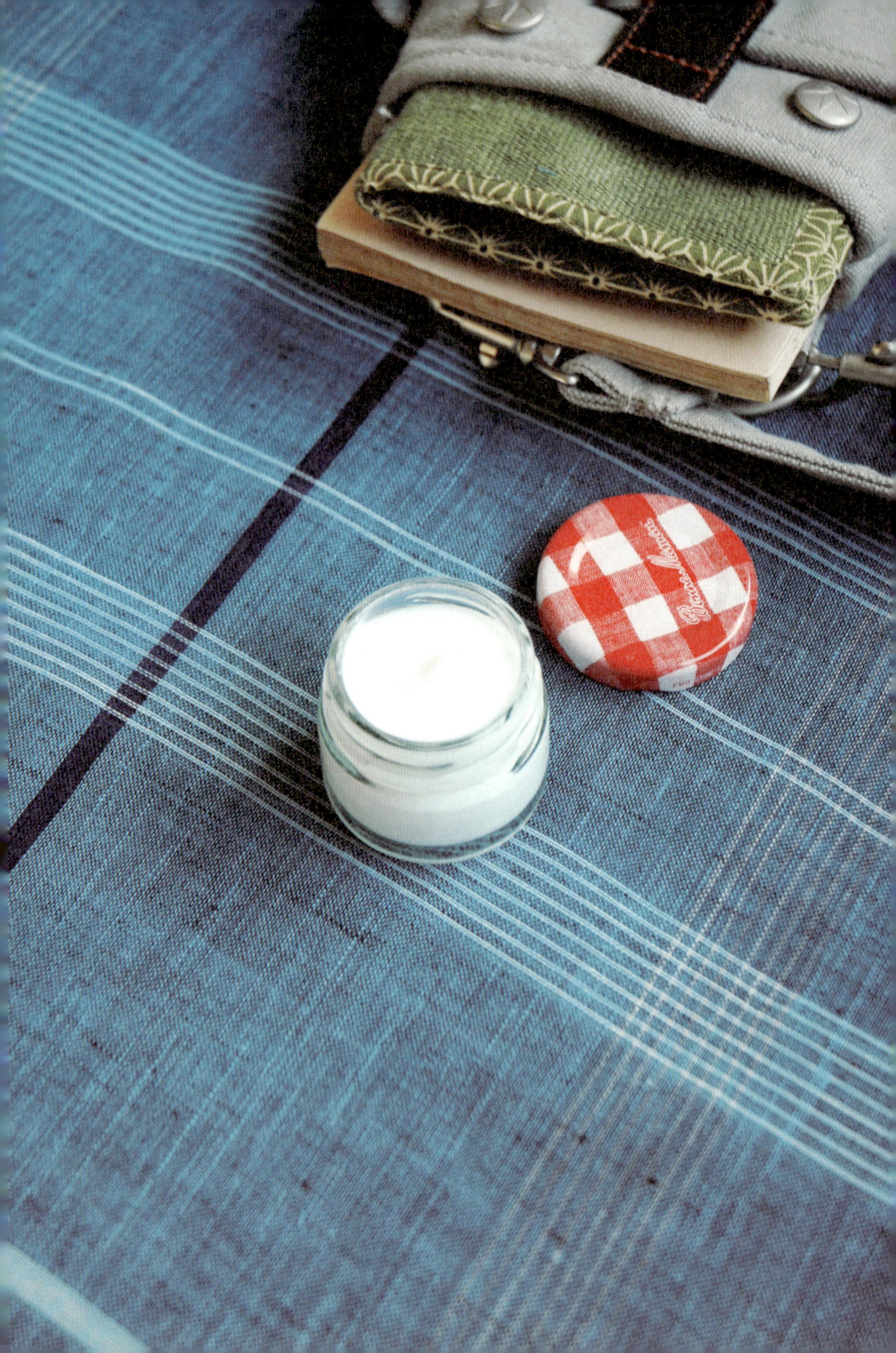

ハンドクリーム
（80mlくらい、冷蔵庫で2週間保存可能）

a ┌ ヘンプオイル…大さじ1
　├ シアバター…小さじ1
　└ 植物性乳化ワックス…4g
b ┌ 精製水…30cc
　└ 芳香蒸留水（または精製水）…30cc
（お好みで精油…8滴まで）

耐熱容器…2つ
湯せん用の鍋…1つ
温度計…1本
小さい泡だて器…1本

1. 耐熱容器を2つ用意し、1つにa、もう1つにbを入れる。
2. 鍋に湯を沸かして容器2つを同時に湯せんにかける。
3. 湯せんにかけながら、aのオイルとワックスをよく混ぜ合わせる。ここでよくなじませる。
4. ワックスが完全に溶けたら、両方の中身の温度を測り、同じくらいの温度（60〜70度）であることを確かめ、湯せんからおろす。
5. bをaの容器に少しずつ加え、よく混ぜ合わせる。冷めるまで30分くらい、ひたすら泡だて器でよく混ぜる。この工程を怠ると分離してしまうので、慣れないうちは、30分混ぜ続けた後も、5分おきに何度か混ぜる。
6. 完全に冷めたら精油を加え混ぜる。
7. 清潔な容器に入れ、冷蔵庫で保存する。

＊ハンドクリームをつけ、天然素材の薄手の手袋をはめて寝ると、ヘンプオイルとシアバターの栄養がじわじわと浸透して翌朝すべすべに！ 爪まわりをマッサージするようになじませるとさらに効果的。調理前の使用は避けてください。

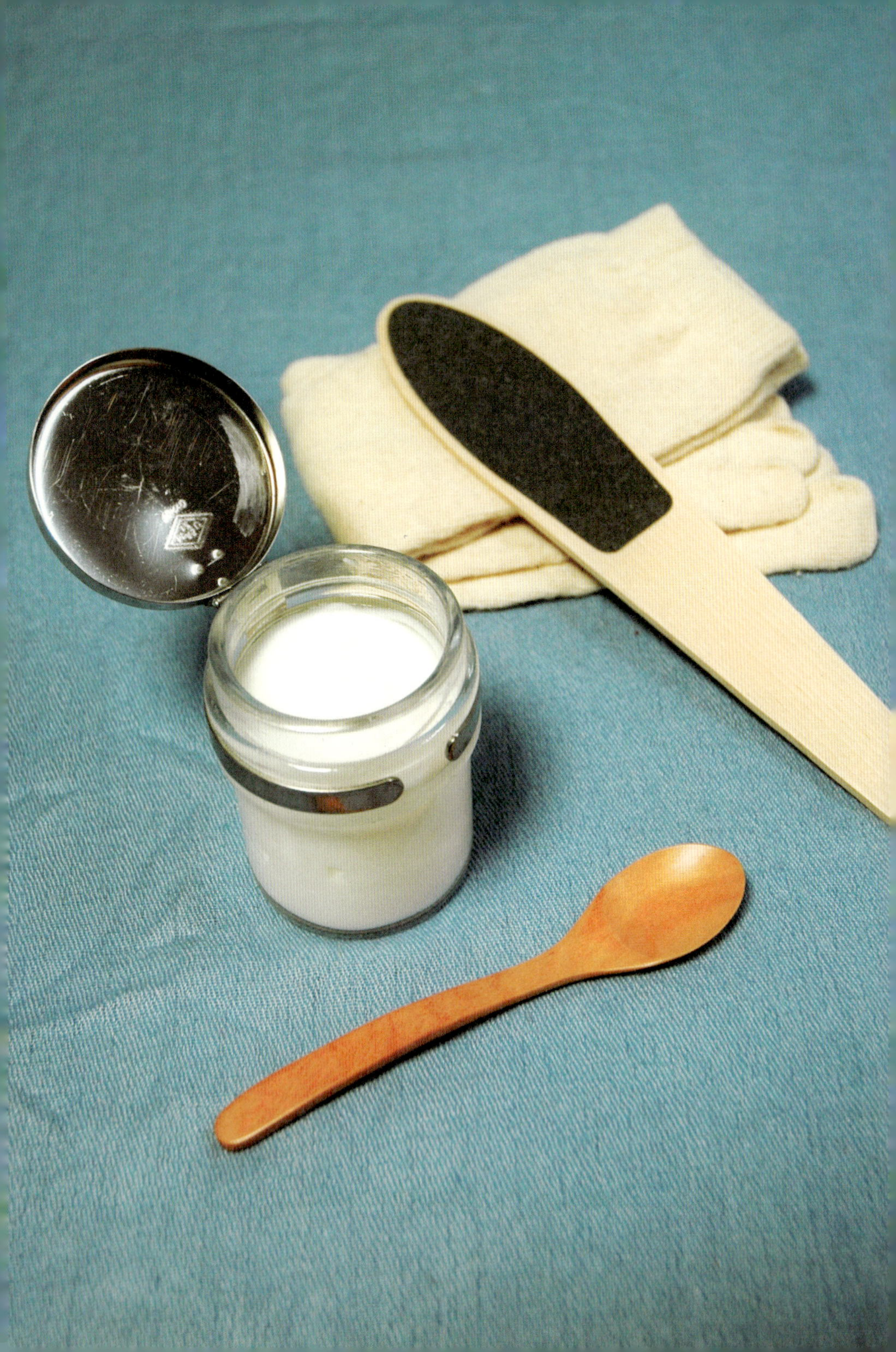

フットクリーム
（100mlくらい、冷蔵庫で2週間保存可能）

a ┌ ヘンプオイル…大さじ1
　├ ホホバオイル…大さじ1
　├ マカデミアオイル…小さじ1
　├ シアバター…小さじ1
　└ 植物性乳化ワックス…5g

精製水…60cc
尿素…2g
（お好みで精油…10滴まで）

耐熱容器…2つ
湯せん用の鍋…1つ
温度計…1本
小さい泡だて器…1本

1. 耐熱容器を2つ用意し、1つにa、もう1つに精製水を入れる。
2. 鍋に湯を沸かして容器2つを同時に湯せんにかける。
3. 湯せんにかけながら、aのオイルとワックスをよく混ぜ合わせ、なじませる。
4. ワックスが完全に溶けたら、両方の中身の温度を測り、同じくらいの温度（60〜70度）であることを確かめ、湯せんからおろす。
5. 精製水をaの容器に少しずつ加え、よく混ぜ合わせる。
6. 5に尿素を加え30分ほど、ひたすら泡だて器でよく混ぜる。この工程を怠ると分離してしまうので、慣れないうちは、30分混ぜ続けた後も、5分おきに何度か混ぜる。
7. 完全に冷めたら精油を加え混ぜる。
8. 清潔な容器に入れ、冷蔵庫で保存する。

＊ハンドクリームと同じように、寝る前に塗ってから天然素材の薄手の靴下を履いて寝てください。かかと周辺が柔らかくなりますので、お風呂に入った時に軽石やスクラブでやさしく角質を落としましょう。サンダルの季節はもちろん、乾燥の厳しい冬こそお手入れを。

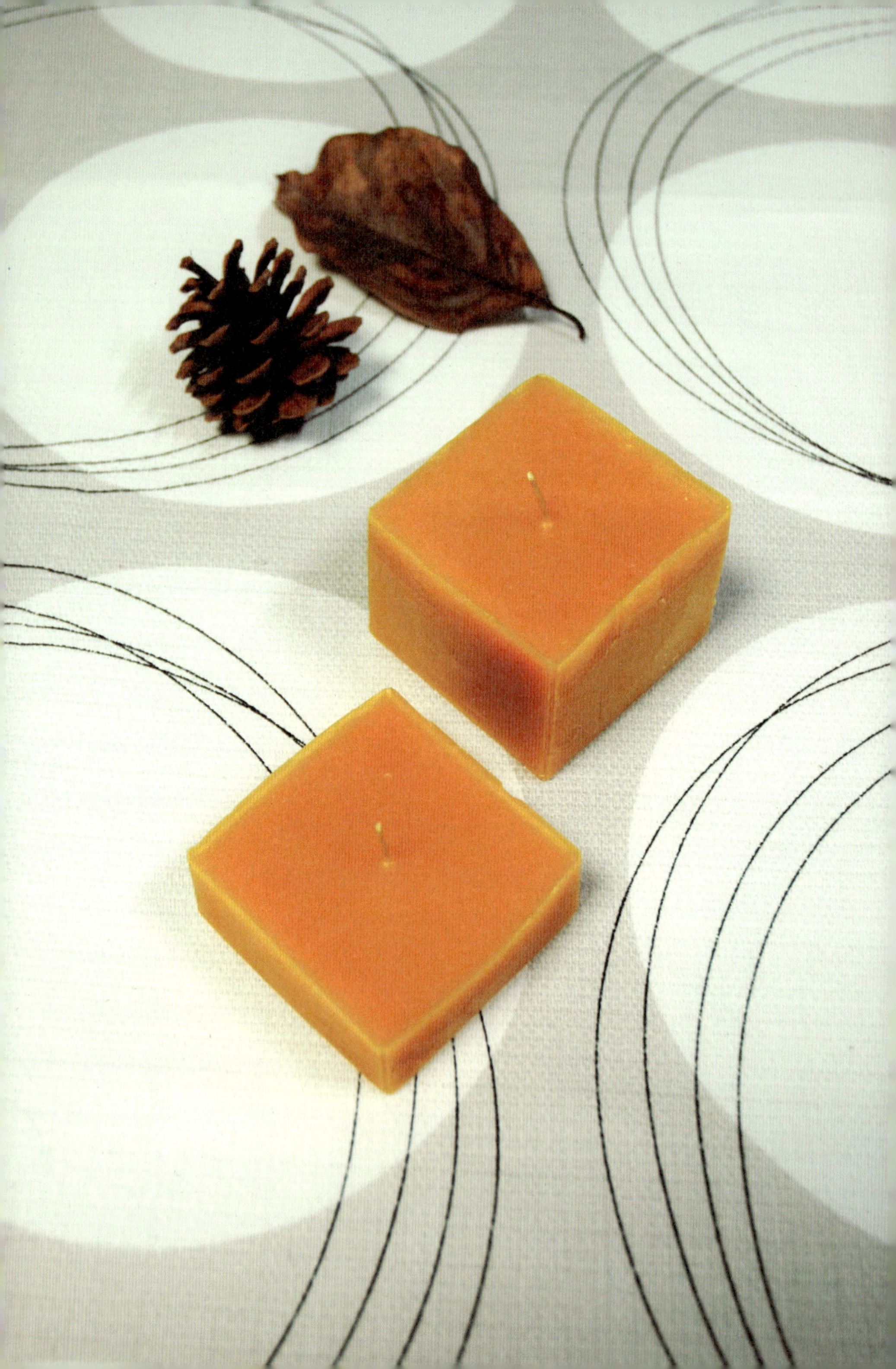

キャンドル
（牛乳パックの1/5くらいのサイズ1個分）

ミツロウ…200g
ヘンプオイル…小さじ1/2
タコ糸…20cm
（お好みで精油　20滴以上）

空き缶（または鍋）…1つ
湯せん用の鍋…1つ
牛乳パックなどお好みの型…適宜
割り箸

1. ミツロウを空き缶などに入れて湯せんにかける。
2. タコ糸を軽くほぐし（よりと反対にねじる）1に漬ける。空気の泡が表面に見えたら十分に糸にロウが染みたしるし。
3. 底から10cmの高さにカットした牛乳パックに、2のタコ糸をはさんだ割り箸を糸が底につくように渡し（下写真参照）、1に精油を加えて流し込む。風通しのいい室内でひと晩固める。

＊紙コップや耐熱ガラスに流し込んでも。湯せんに使用する容器は空き缶、またはキャンドル作り専用の鍋にしましょう。ミツロウがつくとなかなか落ちません。鍋を使う場合は、容器が温かいうちに無水エタノールをティッシュや布に含ませ、ミツロウを拭き取ります。

3章 からだの中から

ヘンプオイルには、人間の体内では作ることができず、必ず食べ物として摂らなければならない必須脂肪酸が80％以上、植物油の中でもっとも多く含まれています。

しかも、必須脂肪酸のリノール酸とα-リノレン酸の割合は3:1。これはWHO（世界保健機構）や厚生労働省が推奨している理想的な摂取割合なのです。この割合で摂取することで、コレステロールが調整され、血液はサラサラに。また、皮膚生理に不可欠なγ-リノレン酸を含み、老化防止に効果のあるビタミンEも豊富に含まれています。すべすべお肌はからだの健康から。バランスのよい食事にヘンプオイルをプラスしてすこやかなお肌を目指しましょう。

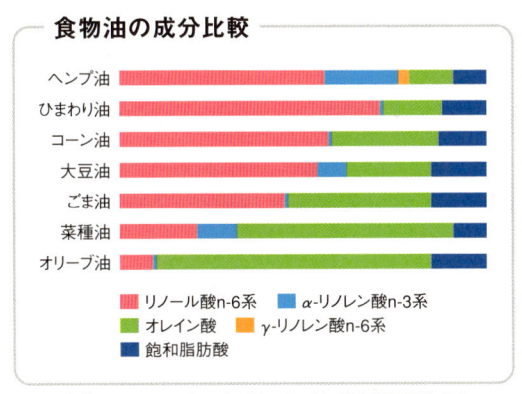

食物油の成分比較

リノール酸n-6系　α-リノレン酸n-3系
オレイン酸　γ-リノレン酸n-6系
飽和脂肪酸

参考：Hemp Foods and Oil for Health, HEMPTECH, 1999

麻の実食材でからだすこやか

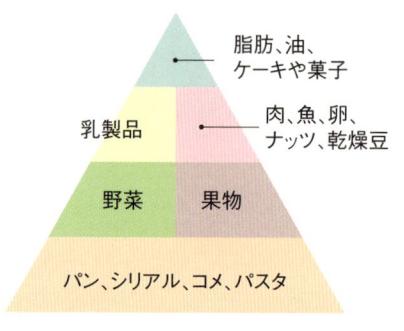

脂肪、油、ケーキや菓子
乳製品
肉、魚、卵、ナッツ、乾燥豆
野菜　果物
パン、シリアル、コメ、パスタ

［92年に米農務省が発表した食品ピラミッド］

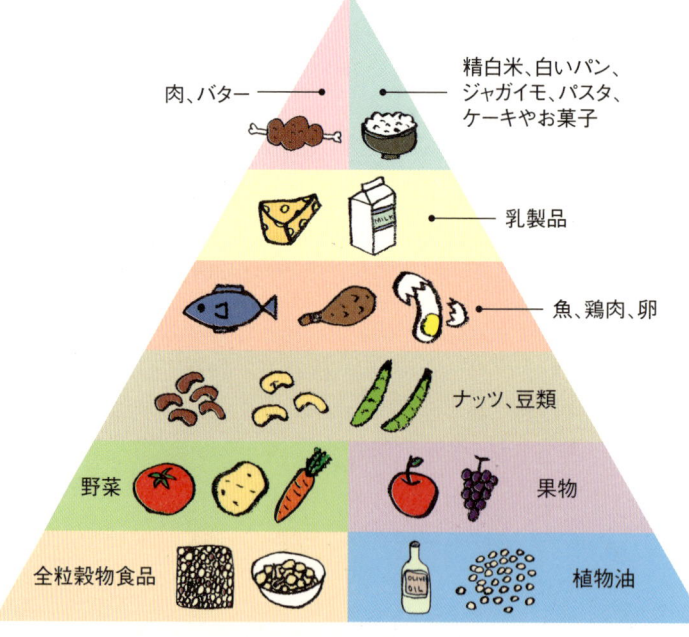

肉、バター
精白米、白いパン、ジャガイモ、パスタ、ケーキやお菓子
乳製品
魚、鶏肉、卵
ナッツ、豆類
野菜　果物
全粒穀物食品　植物油

［ハーバード大学公衆衛生学大学院の研究チームが2001年に作成］
資料：ウォルターウィレット著「太らない、病気にならない、おいしいダイエット」（米農務省）

これまで、炭水化物と脂肪を控えることが、現代人の健康なからだづくりの秘訣のようにいわれてきましたが、2001年にハーバード大学公衆衛生学大学院の研究チームによって、それをくつがえす新しい食物ピラミッドが発表されました。

これによると玄米や植物油は積極的に摂るべき食品とされています。特にヘンプオイルは、必須脂肪酸をバランスよく摂取できるほか、アレルギー性疾患、動脈硬化、心臓血管疾患、ガン（肺ガン、大腸ガン）、神経性難病の予防ともなります。また、α-リノレン酸は、体内で頭の働きをよくするEPA、DHAに変わるという特性も持ち合わせています。さらに、殻つきの麻の実は脂肪以外に、タンパク質、食物繊維がバランスよく含まれ、現代人に不足している亜鉛、鉄、ビタミンEも豊富に含まれています。麻のタンパク質は、大豆より消化吸収がよく、免疫力をアップさせるのです。ヘンプオイルや麻の実ナッツ、麻の実殻つきで、バラエティ豊かな麻の実料理を楽しんでください。

麻の実ナッツ（ヘンプナッツ）

麻の実の殻をむいたもの。外観はゴマに似て、クルミのような味がします。ごはんやサラダにふりかけるだけでも美味しく食べられます。

麻の実殻つき（ヘンプシード）

全粒タイプのもの。七味唐辛子に入っている一番大きな粒、あれが麻の実殻つきです。

朝ごはん

釈迦ごはん
青菜の麻の実ごま和え
大根と人参のみそ汁

麻の実パンのトースト
ナッツバター
和風オニオンスープ

釈迦ごはん（炊きやすい量。茶碗5杯ほど）

玄米＋はと麦（大さじ3）…3合　麻の実ナッツ…大さじ3　塩…小さじ1/2

～炊飯器の場合～
研いだ玄米とはと麦、麻の実ナッツ、塩を合わせ、炊飯器の3合のメモリまで水を入れ、一晩おいてよく水を吸わせてから（できれば玄米モードで）炊く。

～圧力鍋の場合～
①鍋に研いだ玄米とはと麦、麻の実ナッツを入れる。
②720ccの水と塩を入れ軽く混ぜてから、蓋をして強火にかける。ピンが立ったら蒸気がもれないように火を弱め、ピンが下がらない火加減で30分圧を加える。30分経ったら火からおろし自然放置で圧が下がるのを待つ。急ぐときは安全レバーを押して圧を抜く。

＊麻の実と麦で修行を続けたといわれるお釈迦様。植物性タンパク質と必須脂肪酸、ミネラル、ビタミンを含む麻と、炭水化物を含む麦で、厳しい修行に耐えることができたのでしょうか。モチモチの玄米とプチプチのはと麦。それに麻の実のほのかな甘みが加わったひと碗です。私が使っている圧力鍋はフィスラー社のロイヤルですが、メーカーによって炊き時間に大きな違いがあるので、自分の鍋にあった炊き方をお試しください。

青菜の麻の実ごま和え

お好みの青菜（小松菜やほうれん草など）…100g～
麻の実ナッツ…大さじ2　ゴマ…大さじ2
a ┌ しょうゆ…小さじ1
　├ みそ…小さじ1
　├ ねりからし…小さじ1/2
　└ だし汁（または水）…大さじ1

①青菜は湯がき、食べやすい大きさに切る。
②麻の実ナッツとゴマをから煎りして油が出ないようにすり鉢で軽くする。
③②にaを混ぜ、食べる直前に青菜と和える。

大根と人参のみそ汁

大根…適量　人参…適量　みそ…大さじ1～
だし汁…400cc　七味唐辛子…適量

①大根、人参は3mmほどの厚さの短冊切りにする。
②だし汁の中に①を入れ、ひと煮立ちしたらみそを適量溶き、器によそい七味唐辛子をふる。

麻の実パンのトースト

ナッツバター

麻の実ナッツ…大さじ2　ヘンプオイル…小さじ1/2

①麻の実ナッツに混入している殻を取り除き、すり鉢でバター状になるまでする。
②①にヘンプオイルを加え、よく混ぜる。
③トーストしたパンやクラッカーにつけて食べる。
＊香ばしい風味が好きなら、全体が軽いきつね色になるまで乾煎りしてから、するとおいしい。冷蔵庫で1週間ほど保存可能。多めに作ってカレーや煮込み料理などの隠し味に使うとグッと深みのある味に！ペースト状になった市販品もあります。

和風オニオンスープ

玉ねぎ…200g　干ししいたけ…1枚　切りもち…半分
昆布…5cm角　水…500cc　ローリエ…1枚
乾燥タイム、オレガノ、マージョラム（あれば）…合わせて大さじ1/2
ヘンプオイル…小さじ1　しょうゆ…大さじ1/2　こしょう…適量

①玉ねぎは繊維に沿ってうす切りにし塩（分量外）をふっておく。
②干ししいたけと切りもちはおろし金ですりおろしておく。
③①の玉ねぎがしんなりしたら、鍋にヘンプオイルを入れ、弱火で玉ねぎを炒める。
④全体にオイルがいきわたり、玉ねぎ臭さがなくなったら水、おろした干ししいたけ、昆布、ハーブ類を入れ、蓋をして10分ほど煮こむ。圧力鍋なら圧力を5分加える。
⑤煮込んだら蓋を取り、おろした切りもちとしょうゆとこしょうを加え、よく混ぜてから火を止める。

昼ごはん

青じそヘンプオイルパスタ

ごぼう麻の実炒飯
わかめとしょうがのスープ

青じそヘンプオイルパスタ

お好みのパスタ…200g
a ┌ 麻の実ナッツ…大さじ1
  │ 青じそ…30枚
  │ にんにく…1片
  │ オリーブオイル…大さじ3
  │ ヘンプオイル…大さじ1
  └ 塩…小さじ1/2
水菜…適量　梅干…1個　大根おろし（軽く水気を絞ったもの）…100g
ゆずの絞り汁…小さじ1/2

①aをミキサーにかけ、ペースト状にする。
②梅干は種を取り除き包丁でたたき、水菜は洗って食べやすい大きさに切る。
③パスタは1.2%の塩（3リットルのお湯ならば36g）をいれたお湯でゆでる。ゆであがったら、お湯を切り、①と和え、塩で味を調える。
④③を皿に盛り、水菜と大根おろし、たたいた梅干をのせ、ゆずの絞り汁をかけてできあがり。
＊青じそヘンプオイルは、パスタに和えるだけでなく、ごはんと炒めれば、あっという間に青じその香り豊かな炒飯に。生野菜や温野菜にかけると、おもてなしにもぴったりの一皿になります。冷蔵庫で1週間ほど保存可能。保存する場合は、青じその水気をしっかりふき取ってから調理してください。

ごぼう麻の実炒飯

炊いたごはん…500g　ごぼう…100g　乾燥ひじき…10g　麻の実ナッツ…大さじ2
麻の実殻つき…小さじ1　にんにく（みじん切り）…大さじ1　ヘンプオイル…大さじ1
オリーブオイル…大さじ1　酒・しょうゆ…各大さじ1　塩・こしょう…適量
万能ねぎ…適量

①ごぼうは薄く輪切りにする。ひじきは水で10分ほど戻し、ザルにあげて水を切っておく。
②フライパンにヘンプオイルとオリーブオイル、にんにくとごぼうを入れ火にかける。ごぼうがカリカリになるまで炒めたら、ひじき、麻の実ナッツ、殻つきも入れて炒める。
③②にごはんを加え、全体がよく混ざるように炒める
④全体に油がまわったら、酒をふりかけ、しょうゆを鍋肌からまわし入れ、塩とこしょうで味をととのえ、器に盛って万能ねぎを散らす。
＊ごぼうは水にさらしてあくを抜かずに、そのまま使って旨みを丸ごといただきましょう。

わかめとしょうがのスープ

乾燥わかめ…大さじ1　しょうが（みじん切り）…小さじ1　水…400cc
塩…小さじ1/4　ゴマ油…数滴

全部鍋に入れてひと煮立ちさせたらできあがり。

レシピはすべて2人分です

夜ごはん

麻の実と豆乳の具だくさんドリア
温野菜サラダ

麻ねぎ丼
わけぎの麻酢味噌
麻ゴマ汁

麻の実と豆乳のホワイトソース

麻の実ナッツ…大さじ2　白玉粉…20g　豆乳…300cc　玉ねぎ…100g
水…大さじ1〜　ローリエ…2枚　タイム…少々　塩…小さじ1/4　こしょう…適量

①玉ねぎは薄切りにし、土鍋に入れ軽く塩(分量外)をふる。
②麻の実ナッツをバター状になるまですり鉢ですり、白玉粉を加え、だまをつぶすように混ぜ合わせ、よくなじませ豆乳100ccを加え混ぜておく。
③①の玉ねぎからうっすら水分が出てきたら、水を大さじ1ほど加え弱火にかける。
④ローリエ、タイムを入れ、蓋をして玉ねぎを蒸し煮する。玉ねぎ臭さがなくなるまで。大体20分くらい。ときどき様子をみて焦げそうなら水を足す。
⑤④に残りの豆乳を数回に分けて加える。沸いてきたら③を入れ、とろみがつくまで木べらで混ぜる。
⑥木べらで混ぜて、鍋底が見えるくらいにとろみがついたら、なめらかになるまでミキサーにかけ、塩、こしょうで味を調える。

麻の実と豆乳の具だくさんドリア

炊いたごはん…250g　レンコン…50g　人参…30g　小松菜…80g
とうもろこし…70g　麻の実と豆乳のホワイトソース…上記の量

a ┌ パン粉…大さじ2
　├ ヘンプオイル…大さじ1/2
　└ 塩…小さじ1/4

①レンコンと人参はよく洗い、湯気の上がった蒸し器で5分ほど蒸す。小松菜は軽く塩ゆでして3cmの長さに切り、とうもろこしはほぐしておく。
②①のレンコンと人参は5mm角に切る。
③下ごしらえをした野菜を1/2量のホワイトソースで和えておく。
④aをあわせておく。
⑤耐熱容器にごはんの半量を入れ、③を入れて広げる。残りのごはんを入れ、残りのソースを上からかける。④をふり、200度のオーブンで焼き色がつくまで焼く。

温野菜サラダ

カブ・ブロッコリー・スナップエンドウ・アスパラガス・ヘンプオイル・塩(結晶が大きめだとおいしい)…すべて適量

①それぞれの野菜を洗って、一口大に切り、蒸気のあがった蒸し器で歯ごたえが軽く残る程度に2〜3分ほど蒸す。
②皿に盛って、ヘンプオイルと塩をかける。

麻ねぎ丼

炊いたごはん…適量　長ねぎ…100g（約1本、青い部分も使う）　まいたけ…50g
麻の実ナッツ…大さじ2　麻の実殻つき…小さじ1/2　しょうが…1片
ヘンプオイル…大さじ1/2　ゴマ油…大さじ1/2　酒…小さじ2　塩…小さじ1/4
しょうゆ…大さじ1　みりん…大さじ1/2　こしょう…適量　紅しょうが・きざみのり…適量

①長ねぎは小口切り、まいたけは手で一口大にさき、しょうがはみじん切りにする。
②鍋を強火にかけゴマ油を加え、しょうがを入れて香りを出したら、麻の実ナッツと殻つきを入れる。
③②に長ねぎの青い部分を加え軽く火をとおし、次に白い部分を入れて全体に油を行き渡らせるように炒める。酒を加えてすばやく混ぜてからヘンプオイルを加え、まいたけをさっと炒めてから、塩、みりんを加える。全体が十分混ざったら、しょうゆを鍋肌から回し入れ、こしょうをふる。
④ごはんの上に③をよそい、紅しょうが、きざみのりなどをあしらう。
＊まいたけを加える際に、植物性たんぱく食品のグルテンバーガー（〜100g）を加えるとさらにボリュームアップ。冷めてもおいしいのでお弁当にもぴったり。最初から最後まで強火で手早く作るので、材料をきちんと手元に用意して調理にとりかかりましょう。

わけぎの麻酢味噌

わけぎ…100g　麻の実ナッツ…大さじ1　麦みそ…大さじ2　みりん…大さじ1
酢…大さじ1　ねりからし…小さじ1/2　山芋…適量

①わけぎは塩を入れた熱湯で1分ほどゆで、ザルにあげ冷ます。まな板の上に並べ包丁の背でしごき、余分なぬめりを取り除き、3cmの長さに切り分けておく。
②鍋にすり鉢ですった麻の実ナッツ、麦みそ、みりん、酢を入れ中火にかけてよく混ぜる。
③②を火からおろし、冷めたらねりからしを加えさらに混ぜ合わせる。
④①のわけぎを器に盛り、③を適量かけ、5mm角に切った山芋を飾る。

麻ゴマ汁

サトイモ…2個　しめじ…50g　油あげ…1/3枚　だし汁…300cc
麻の実ナッツ…大さじ1/2　白ゴマ…大さじ1　みそ…大さじ1〜

①サトイモは皮をむいて食べやすい大きさに切る。しめじは軸を落として手で小房に分ける。油あげは湯通しして油抜きをし、短冊切りにする。
②鍋にだし汁とサトイモをいれて火にかけ、煮立ったら中火にしてしめじと油あげを加え、サトイモが柔らかくなるまで煮こむ。
③白ゴマと麻の実ナッツは軽くフライパンで炒ってからすり鉢でよくすり、みそを加えてさらにすり、だし汁少々で溶いて鍋に戻す。

レシピはすべて2人分です

休日ブランチ

釈迦ごはんとアボカドのヘンプマヨネーズがけ
かりかりナッツバター
ヘンプドレッシングのサラダ

きんぴらライスバーガー
テンペの照り焼きライスバーガー

釈迦ごはんとアボカドのヘンプマヨネーズがけ

炊いた釈迦ごはん…300g　アボカド…1/2個　しょうゆ・わさび…適量

a ┌ 豆腐（水切りしたもの）…100g
　├ りんご酢…大さじ2
　├ ヘンプオイル…大さじ1
　├ みりん…小さじ1
　└ 塩…小さじ1/3

①aの材料全部をミキサーにかけ、とろみがつくまでかくはんしてヘンプマヨネーズを作る。
②種を取って皮をむいたアボカドを5mm厚さに切り、わさびをといたしょうゆに5分ほど漬ける。
③ご飯の上にアボカドをのせ、ヘンプマヨネーズを適量かける。お好みでカラーペッパーを散らす。
＊ヘンプマヨネーズは作りやすい分量にしました。冷蔵庫で1週間ほど保存可能。

かりかりナッツバター

餃子の皮…5枚くらい　麻の実ナッツ…大さじ2　万能ねぎ…大さじ1
おろしにんにく…小さじ1　ゴマ油…適量　塩・こしょう

①麻の実ナッツはすり鉢ですり、ゴマ油でのばす。
②万能ねぎは小口切りにして①とおろしにんにくと合わせよく混ぜる。
③餃子の皮の片面中央3cmくらいに②を薄くのばす。
④フライパンにゴマ油をひき、ペーストを塗った面を上にして③をかりかりに焼く。返して表もさっと焼く。

ヘンプドレッシングのサラダ

ヘンプオイル…大さじ1　オリーブオイル…大さじ1　バルサミコ酢…大さじ2
梅酢…小さじ1　しょうゆ…小さじ2　タイム…小さじ1/2　塩・こしょう…少々

＊材料をよくかくはんしたら、ヘンプドレッシングのできあがり。冷蔵庫で1週間ほど保存可能です。お好みの野菜と和えてもいいし、食べるときにかけてもいい。和える時はドレッシングの量を少なめに。今回は熱湯で1分ほど湯がいたしめじ、えのき、人参と、湯どおしした海藻、三つ葉、玉ねぎを使いました。

きんぴらライスバーガー

炊いたごはん…60g×2　　ごぼう・人参…合わせて100g　　ヘンプオイル…大さじ1/2
酒…大さじ2　　しょうゆ…大さじ1/2　　みりん…大さじ1/2　　レタス…適量
ヘンプマヨネーズ（p80）…適量

①ラップにごはんを包み薄く、丸く形を整える。8cmくらいのセルクル型のなかでごはんをつぶすようにしながら形を整えるときれいに仕上がる。
②ヘンプオイル（分量外）をひいたフライパンを熱し、表面が乾くまで①の両面を焼く。
③両面に薄くしょうゆ（分量外）をぬり、さらに香ばしく焼き、ライスバーガーを作る。
④ごぼうと人参は同じくらいの千切りにする。
⑤鍋にヘンプオイルを入れ、中火で④のごぼうを炒め、甘い香りがしてきたら人参を加えさらに炒める。
⑥⑤に酒としょうゆを加え、水気がなくなったらみりんを入れて煮切る。
⑦ライスバーガーにヘンプマヨネーズを塗り、レタスと⑥をはさむ。

テンペの照り焼きライスバーガー

ライスバーガー（上記の要領で作る）…2枚
テンペ…5mm厚さの7cm角×2
a ┌ しょうゆ…大さじ2
　├ みりん…大さじ2
　└ にんにく…1片（スライスする）
ヘンプマヨネーズ（p80）…適量
玉ねぎスライス…適量
お好みのスプラウト…適量

①aにテンペを漬けこむ。両面各30分くらい。
②①のテンペとにんにくを180度の油で3分ほど揚げる。
③テンペの漬け汁を煮詰める。
④1枚のライスバーガーに揚げたテンペとにんにく、玉ねぎスライス、スプラウトをのせ、③とヘンプマヨネーズをかける。ライスバーガーで挟み、できあがり。
＊スプラウトとは新芽野菜の総称で、ブロッコリーやマスタードなどのスプラウトが定番です。貝割れ大根やアルファルファもスプラウトの一種。テンペはゆでた大豆をテンペ菌で発酵させた板状の食品。自然食品店や大型スーパーで扱われています。
ヘンプオイルは165℃でけむりがでるので、揚げ油には使わないでください。

ヘンプオイルにまつわるQ&A

◉ オイルの入手方法は?
インターネットの検索エンジンで「ヘンプオイル」で検索するとヘンプオイルを取り扱っている通販サイトを見つけることができます。また、本書の巻末に掲載しているショップリストやメーカーリストで購入することが可能です。

◉ どこでどんな風に作られているの?
オイルの原料となるヘンプシード(麻の実)は、フランス、ドイツ、イギリスなどのヨーロッパ、カナダ、中国、オーストラリアで生産されています。通常のオイルは、石油溶剤であるヘキサン抽出法が多く用いられていますが、ヘンプオイルは、栄養成分や風味をそのまま生かすためにコールドプレス法(低温圧搾法)で搾られています。

◉ 食用オイルを化粧用に使っても構いませんか?
食用オイルは、コールドプレス法で搾られており、未精製であるため、薄緑色をしており、肌につけたとき、多少のべとつき感と種子の風味(匂い)があります。化粧用は、活性炭で精製されており、食用より透明で、無臭で、サラサラ感があり、使いやすくなっているので、食用と化粧用は使い分けたほうがよいでしょう。

◉ 植物オイルと鉱物オイルのちがいは?
一般的な鉱物オイルは石油から作られています。油臭くならず、品質保持期間が長く、安価であるというメリットがありますが、皮膚の生命活動をサポートを全くしないため、長く使っていると皮膚が不活発になり、乾燥しやすくなります。一方で植物オイルは、皮膚脂肪によく似ているので、皮膚に吸収され、深く浸透し、細胞の再生を促すので、新陳代謝を活発化します。長く自分の肌の潤いを保つには、鉱物オイルよりも植物オイルを使うことをおすすめします。

◉ ヘンプオイルは酸化しやすいと聞きましたが、肌に悪影響はありませんか?
化粧用ヘンプオイルは、各メーカーともオイルの酸化要因となるクロロフィル(葉緑素)を取り除き、光を通さない遮光瓶につめ、さらに外箱で完全シャットアウトしてありますので、長期保存に耐えられるような商品になっています。また、ヘンプオイル自体に天然の抗酸化剤であるビタミンEも多く含まれているので、すぐには酸化しません。日常的なスキンケアで使用する分には、特に問題になりません。むしろ、スキンケアによいオイル=必須脂肪酸が豊富なオイル=酸化しやすいオイルなのです。

Q 他のオイルとブレンドしても働きは衰えませんか?

マッサージオイルとしてのびをよくするために、ホホバオイルやアーモンドオイルに混ぜて使ってもヘンプオイルの働きは変わりません。この本のレシピを参考に、安心してブレンドしてみてください。

Q 赤ちゃんのスキンケアにも使えますか?

ベビーマッサージは、親と子のスキンシップを深め、心身の柔軟性を高める上で効果的です。赤ちゃんの皮膚状態をサポートするためにヘンプオイルを使うことができます。入浴後、まだ湿っている皮膚にヘンプオイルををやさしくすり込みます。毎週2〜3回行うのがよいでしょう。

Q ヘンプオイルを塗ると改善が期待できる症状は?

ヘンプオイルは、皮膚細胞に最も必要とされる、リノール酸、α-リノレン酸、γ-リノレン酸がバランスよく含まれています。皮膚の新陳代謝を活発にし、保護機能と免疫機能を高めますので、皮膚のカサカサ、乾燥肌に有効です。

Q ヘンプオイルを摂ると改善が期待できる症状は?

皮膚のバリア機能をきちんと働かせるには、細胞一つ一つが健全でなければなりません。その健全さを保つ栄養素として、ヘンプオイルに含まれるリノール酸、α-リノレン酸、γ-リノレン酸が役に立つのです。ヘンプオイルによって必須脂肪酸をバランスよくとることによって、コレステロールが調整され、血液がサラサラとスムーズに流れるようになります。アレルギー性疾患、動脈硬化、心臓血管疾患、ガン(肺ガン、大腸ガン)、神経性難病の予防となります。また、α-リノレン酸は、体内でEPA、DHAに変わり、頭の働きをよくします。

Q ダイエット効果は期待できますか?

現代人は、動物性脂肪を取り過ぎ、必須脂肪酸であるα-リノレン酸が不足しています。α-リノレン酸をヘンプオイルで摂取することによって、脂肪を燃焼させ、生成を減らすことができます。毎日の運動と生活のリズムの改善を実践する中でヘンプオイルも取り入れてみましょう。

Q 海外では化粧用ヘンプオイルはどのくらい普及してますか?

海外では、ヘンプオイルは、アロマテラピーやマッサージのベースオイルとして知られており、翻訳本である『アロマテラピーのベースオイル』(フレグランスジャーナル社)や『キャリアオイル辞典』(東京堂出版)にも掲載されています。1997年にイギリスの自然派化粧品会社「ザ・ボディショップ」がヘンプオイルを使ったハンドクリームやリップクリームなどを発売してから、さまざまな企業がヘンプオイルの化粧品をそれぞれのブランド名で販売しています。

◉ 海外では食用ヘンプオイルはどのぐらい普及していますか？
α－リノレン酸とγ－リノレン酸が同時にとれるオイルなので、麻の実は天然のサプリメントといわれています。自然食品店や自然食品コーナーに見ることができます。料理本も多数出版されており、健康を考えている人やベジタリアンに大きな支持を得ています。

◉ ヘンプオイルを塗るとぽかぽかと温かくなるのはなぜですか？
ヘンプオイルに20％以上入っているα－リノレン酸の血行促進作用によるものです。α－リノレン酸という脂肪酸は、一般的に血行促進作用、殺菌作用、抗アレルギー作用の3つの皮膚効果があります。

◉ ヘンプオイルの保管方法は？
ヘンプオイルには身体を癒す必須脂肪酸が豊富に含まれますが、この必須脂肪酸は光、空気（酸素）、熱によってたいへん変化しやすい性質を持っています。特に食用ヘンプオイルは、開封後はかならず冷蔵庫で保管しましょう。食用と化粧用のどちらでもヘンプオイルは、未開封の場合は2年、開封後は3ヵ月以内に使いきるようにしましょう。

◉ 食用ヘンプオイルは、てんぷら油に使えますか？
ヘンプオイルに含まれる必須脂肪酸は165度まで熱が上がると煙が発生します。よって、揚げものに使わないでください。しかし、軽い炒め物で使ったり、加熱された料理に後から振りかける分には問題ありません。

◉ 麻の実ナッツは、どれくらいオイルが含まれているのですか？
麻の実の殻をとった中身である麻の実ナッツには、5割近くもヘンプオイルが含まれています。ナッツには、麻の実独特のエディスティン・タンパク質が豊富にあり、それによって、免疫力がアップします。オイルもタンパク質も両方摂れるのが利点です。

◉ 殻つきのヘンプシード（麻の実）を蒔くと芽が出ますか？
大麻取締法では、種子と茎は規制の対象外です。輸入されたヘンプシードは、発芽しないように熱処理されていますので、芽は出ません。

◉ 日本で大麻を取り扱うのは違法ではないんですか？
大麻取締法では、葉と花穂の所持を禁止していますが、種子と茎（繊維）の取り扱いは、規制の対象外です。よって、ヘンプオイルを一般の人が使っても何も問題ありません。ただし、国内でヘンプを栽培して、ヘンプオイルをつくりたいと思っても、都道府県知事が許可する大麻取扱者免許がないと栽培できません。

◉ ヘンプ畑を見てみたいのだけど……。
麻畑サポーターという制度で一般の方が気楽にヘンプ畑を見学できたり、作業体験できたりする場所が滋賀県高島市にあります。興味がある方は、著者のホームページで詳細をご覧下さい。

◉ ヘンプオイルで手作り石けんを作れますか?
ヘンプオイルを使った石けんは、しっとりしていて肌がすべすべになります。ミルクやハチミツなどの保湿感とは違った、オイル本来がもつ保湿成分が肌に効いてる感じがします。石けん作りをされている方は、ぜひ使ってみてください。食用、化粧用のどちらのヘンプオイルを使っても構いません。全材料の20％以上が目安です。けん化価は、0.1345となっています。

ショップリスト

レストラン「麻」
下北沢駅から徒歩3分にある98年にオープンした麻の実料理専門店
東京都世田谷区北沢2-18-5 北沢ビル3F
TEL.03-3412-4118
http://www.new-age-trading.com/restaurant/index.html

神茶屋
麻の実食品、食用ヘンプオイル、化粧用ヘンプオイル、ヘンプ雑貨が揃い、
麻の実料理を提供するカフェレストラン
東京都港区白金台4-5-6
TEL.FAX.03-5447-1050

麻心
鎌倉の海が一望できるカフェ・バー、麻の実入りカレーが美味しい
神奈川県鎌倉市長谷2-8-11
TEL.FAX.0467-25-1414
http://www.partie.net/magokoro/

バグース
四万十川特産川海苔と麻の実料理各種のあるレゲエ・バー
神奈川県川崎市高津区二子5-6-8-1F
TEL.044-811-4264

marru
麻と新鮮野菜にこだわった料理が特徴のカフェ&ダイニング
東京都世田谷区上祖師谷1-11-15 メゾンドコレイユ1F
TEL.FAX.03-3308-7781
http://www.marru.com/

ファラフェルキッチン
中近東発祥のベジタリアンフード「ファラフェル」と麻の実料理を提供する店
奈良市橋本町1番地
TEL.0742-26-0603　FAX.0742-61-2460

カフェスロー
NGOナマケモノ倶楽部のアンテナショップ&麻の実料理が食べられるカフェ
東京都府中市栄町1-20-17
TEL.042-314-2833　FAX.042-314-2855
http://www.cafeslow.com/

Trees Cafe
新鮮野菜、麻、雑穀を食材につかったカフェ
東京都練馬区豊玉北5-20-4 大和ビル2F
TEL.03-3994-9890
http://www.trees-cafe.com

アリエルダイナー
フレンチ出身のシェフによるオーガニック料理の充実したカフェ、ヘンプ雑貨も販売
神奈川県川崎市多摩区登戸3414
TEL.044-911-1873　FAX.044-911-1897
http://www.arieldiner.com/

焼酎ダイニング「日本昔ばなし」
大麻うどん「麻の麺」取扱い店&販売店
神奈川県相模原市共和4-1-5-1F
TEL.042-753-7510

痲こころ茶屋
ケータリング専門のオーガニック麻の実カフェ、オリジナルのヘンプ雑貨も販売している
http://www.macocorochaya.com/

麻の美
美味しい手打ちの麻そばと麻の実料理のレストラン
長野県北安曇郡美麻村16784 道の駅ぽかぽかランド美麻敷地内（ぽかぽかランド美遊）
TEL.0261-29-2813（美麻村商工会）
http://www.vill.miasa.nagano.jp/hy/asanomi/asanomi.htm

そば処仁王門屋長野店
メニューに手打ち麻そばが並ぶ
オーガニック和カフェ「和みや優麻」（2005夏open）
オーガニック麻の実料理・そば料理
長野県長野市稲里町中央1-18-1（同敷地内）
TEL.FAX.026-284-6551
qq2p9ds9@fancy.ocn.ne.jp

生活の木
手作り化粧基材、精油、化粧用ヘンプオイル、ヘンプ石けんが購入可
東京都渋谷区神宮前6-3-8
TEL.03-3409-1781　FAX.03-3400-4988
http://www.treeoflife.co.jp/

カリス成城
手作り化粧基材、精油、化粧用ヘンプオイルが揃う
東京都世田谷区成城6-15-15
TEL.03-3483-1960　FAX.03-3483-1973
http://www.charis-herb.com/

グリーンフラスコ 自由が丘店
手作り化粧基材、精油、化粧用ヘンプオイル、ヘンプ書籍が購入可
東京都目黒区自由が丘2-3-12 サンクスネイチャー2F
TEL.03-5729-4682　FAX.03-5729-4678
http://www.greenflask.com/

東急ハンズ 渋谷店
手作り化粧基材、精油、化粧用ヘンプオイル、ヘンプ石けん、麻紐、麻布が購入可
東京都渋谷区宇田川町12-18
TEL.03-5489-5111
http://www.tokyu-hands.co.jp/

ロフト 新宿店
手作り化粧基材、ヘンプ石けん、ヘンプ雑貨を多数取扱っています
東京都新宿区新宿3-29-1 新宿三越4～6F
TEL.03-5360-6210
http://www.loft.co.jp/

ヒーリングショップYOYO 相模大野店
ヘンプ食材・衣類・化粧品・書籍などヘンプ製品を取り揃えています
http://www.rakuten.co.jp/yoyo/
神奈川県相模原市相模大野4-5-17 ロビーファイブ1F
TEL.FAX.042-701-4040

大麻博物館
日本一の大麻生産県を誇る栃木にある博物館
栃木県那須郡那須町高久乙1-5
TEL.FAX.0287-62-8093
http://www.nasu-net.or.jp/~taimahak/

MAZE HANDCRAFT WORKSHOP
ヘンプアクセサリーとヘンプ雑貨の店
宮城県仙台市若林区連坊2-1-5
TEL.FAX.022-293-6221
http://www5b.biglobe.ne.jp/~maze/

タメル
ヘンプ衣類・食材・化粧品とレゲエ雑貨の店
大阪府大阪市中央区西心斎橋2-11-8
TEL.FAX.06-6211-2688

インターナチュラルガーデンプランツ
衣食住のトータルな生活提案のショッピングモール、毎年8月にヘンプフェアを実施
神奈川県横浜市青葉区荏田西1-3-3
TEL.FAX.045-910-1246
http://www.ing-plants.com/

ぐらするーつ
フェアトレードの専門店、ヘンプ雑貨あります
池袋店
東京都豊島区東池袋3-1-3 サンシャインワールドインポートマート5F 舶来横丁内
TEL.FAX.03-3987-8482
渋谷店
東京都渋谷区宇田川町4-10 ゴールデンビル1F
TEL.FAX.03-5458-1746
http://grassroots.jp/

Oromina
ヘンプを中心としたウェアやバック、雑貨のショップ
東京都世田谷区駒沢5-17-8
TEL.FAX.03-3705-2226
http://www.oromina.com/

ストゥーディオ オムファロス
ヘンプウェア「うさとの服」やヘンプ寝具「プラネッタ」を販売
東京都大田区北千束2-45-13
TEL.03-5499-2625

まに麻に
枕カバーやシーツなどヘンプ寝具を取扱うお店
新潟県南魚沼郡塩沢町大字石打1695
TEL.FAX.025-783-4580

メーカー・団体リスト

ニューエイジトレーディング
麻の実食品と食用及び化粧用ヘンプオイルを製造・販売
東京都世田谷区北沢3-5-9
TEL.03-5738-1423　FAX.03-5738-1428
http://www.new-age-trading.com/

ザ・ボディショップ（イオンフォレスト）
HEMPの化粧品シリーズの先駆け
東京都千代田区紀尾井町3-6 紀尾井町パークビル4F
TEL:03-5215-6120（代表）
http://www.the-body-shop.co.jp/

静香農園　小西宣幸
麻の実入り川根茶（玄米茶）と水だし茶をつくっています
静岡県棒原郡中川根町藤川141-1
TEL.FAX.0547-57-2537
jyamu@lilac.ocn.ne.jp

ウインドファーム
フェアトレード、無農薬の「麻珈琲」を製造しています
福岡県遠賀郡水巻町下二西3-7-16
TEL.093-202-0081　FAX.093-201-8398
http://www.windfarm.co.jp/

神州八味屋
国産の麻の実入り七味唐辛子を製造・販売
長野県諏訪市中洲5464
TEL.FAX.0266-58-6337
http://www.hachimiya.com/

新潟麦酒
麻の実入り発泡酒「麻物語」を製造
新潟県西蒲原郡巻町越前浜5120
TEL.0256-70-2200　FAX.0256-70-2201
http://www.niigatabeer.jp/

うさとジャパン
タイの手織りと草木染めを中心としたオーガニックコットンとヘンプ衣類
京都市中京区衣棚通三条上ル突抜町126
TEL.075-213-4517　FAX.075-213-4518
http://www.usato.jp/

リネーチャー
オーガニックスタイルのヘンプ衣料ブランド
東京都渋谷区渋谷2-19-15-611
TEL.03-5766-1576　FAX.03-3797-4758
http://www.jah-vibes.net/

レジナ
ヘンプ製のラグや敷パットの製造・販売
千葉県市川市八幡3-8-19 TS八幡ビル2F
TEL.047-325-7739　FAX.047-324-1500
http://www.regina-life.com/

ヒマラヤンマテリアル
ネパールの作り手と協力してバック、小物、糸、布、紙を制作
埼玉県狭山市南入曽349-8
TEL.FAX.042-959-7384
http://www.hemp-revo.net/nepal/himarayan.htm

菊屋
ヘンプ100%蚊帳を復活させた蚊帳メーカー
静岡県磐田市ジュビロード243
TEL.0538-35-1666　FAX.0538-35-1735
http://www.anmin.com/kaya-life/

ジンノ
ヘンプ綿入りの麻ふとんを製造・販売する寝具メーカー
名古屋市西区花の木2-21-14
TEL.052-521-6901　FAX.052-532-5378
http://www.jinno.co.jp/

ファミリープロダクツ
ヘンプオイルからつくられた環境にやさしい自転車用潤滑油を販売
東京都立川市柏町3-14-10
TEL.FAX.042-534-7957
http://family-products.com/

杉山ニット
5本指のヘンプソックスを製造する靴下メーカー
奈良県香芝市北今市1-176-1
TEL:0745-76-5051　FAX:0745-76-9555
http://www1.kcn.ne.jp/~sugiknit/

ジャパンエコロジープロダクション
ヘンプ・プラスチック、建材、紙などの工業用原料の取扱い
東京都港区南麻布5-10-24-503
TEL.03-3445-5285　FAX.03-3444-6210
http://www.jep-japan.com/

ハレ・ハレ本舗
ヘンプなど草木で漉く「まるみ和紙」の制作・販売
高知県幡多郡大方町口湊川1349
TEL.FAX.0880-43-0065
hare-hare@s3.dion.ne.jp

エルデ・フェアバント
ヘンプ断熱材、ヘンプフリースの日本代理店
東京都新宿区西落合3-20-9
TEL.03-3952-2414　FAX.03-3952-2436
http://www.erde-vbd.com/

宇野タオル
ヘンプタオルの製造
愛媛県今治市上徳乙54-6
TEL.0898-48-2186　FAX.0898-47-3206
http://www.hadou.com/

トムクラフト
ヘンプ建材を使ったリフォームの設計・施工業
東京都世田谷区池尻2-14-2
TEL.FAX.03-5486-1003
surfer13@partie.net

Moonsoap
ヘンプの石けんを手作りしています
東京都世田谷区羽根木2-10-9
http://www.moonsoap.com/

ゆっくり堂
キャンドルと本の編集・出版の会社
神奈川県横浜市港北区綱島東3-3-4-203
TEL.FAX.045-546-4605
http://www.yukkurido.com/

グラスマイル
ヘンプ・プラスチック箸の製造
長崎県長崎市西町16-17-103
TEL.095-846-3567　FAX.095-842-7725
http://www.grassmile.jp/

ぱんとまいむ
天然酵母の麻の実パンを製造
栃木県粟野町下永野600-1
TEL.FAX.0289-84-8512

ステイゴールドカンパニー
ヘンプブランド「A HOPE HEMP」製品の卸販売
大阪府大阪市天王寺区清水谷町12-22
TEL.06-6761-8311　FAX.06-6761-8312
staygold@iris.ocn.ne.jp

東京川端商事
ヘンプアクセサリー作りに使うひもを販売
東京都墨田区緑2-11-12
TEL.03-3634-0366　FAX.03-3634-3933
http://www.marchen-art.co.jp/

ECO GREEN WORKS（環境緑化研究会）
名古屋地区でヘンプの普及活動をするグループ
愛知県犬山市松本町1-45 ハーモニービル5F
TEL.090-6099-0665

KAYA
麻の実食材、食用ヘンプオイル、化粧用ヘンプオイル、ヘンプ衣類、ヘンプ雑貨の通信販売
静岡県御前崎市新野85
TEL.FAX.0537-85-5850
https://www.hempfield.jp/kaya/

NPO法人ヘンプ製品普及協会
東京都渋谷区渋谷2-19-15 宮益坂ビル611
TEL.03-5466-8683　FAX.03-3797-4758
http://www.partie.net/hpsa/hpsa.html

撮影協力
撮影協力：神茶屋、インターナチュラルガーデン「プランツ」
ヘンプオイル提供：ニューエイジトレーディング
衣装協力：Oromina、うさぶろう、プラネッタ
小物協力：レストラン麻、ヒマラヤンマテリアル、宇野タオル、新潟麦酒、ジャパンエコロジープロダクション、リネーチャー、サロンリポーズ、神崎万寿美、ゆっくり堂、Moonsoap
寝具協力：菊屋、レジナ、プラネッタ

参考文献
レン・プライス他　『アロマテラピーとマッサージのためのキャリアオイル事典』
（東京堂出版、2001年）
ルート・フォン・ブラウンシュヴァイク　『アロマテラピーのベースオイル』
（フレグランスジャーナル社、2000年）
ウオルターC・ウィレット　『太らない、病気にならない、おいしいダイエット』（光文社、2003年）
ガブリエル・モージェイ　『スピリットとアロマテラピー』（フレグランスジャーナル社、2000年）
赤星栄志　『ヘンプがわかる55の質問』（日本麻協会、2000年）
赤星栄志 水間礼子　『体にやさしい麻の実料理』（創森社、2004年）

おわりに

「女性の約7割が乾燥肌」というデータ(P&G調べ)があります。冷暖房の効いたオフィスでの長時間ワークなど、高ストレスな時代で様々な環境汚染が女性の肌に大きなダメージを与えているのでしょうか？
私たちは、乾燥肌の原因の一つに現代人の油の摂り方に問題があるのではないかと考えています。一般で市販されている食用油は、体にとって不可欠な必須脂肪酸であるα-リノレン酸がほとんど入っていません。昔の日本人は、魚をよく食べることで、魚油に含まれるEPA(エイコサペンタエン酸)、DHA(ドコサヘキサエン酸)というα-リノレン酸と同じ系列の脂肪酸を比較的よく摂っていたのです。

ヘンプオイルは、食用だけでなく、化粧用にも使えるのが大きな特徴です。他の植物油に比べて、浸透力と保湿性が優れているため、皮膚を柔軟にし、うるおいを持続させます。
日本では、ヘンプオイルの原料そのものが手に入りにくい上、薬事法によって2003年まで、化粧用原料として取り扱いが禁じられていました。しかし、ヘンプオイルの原料となる麻の実は、縄文時代から広く国内で栽培され、食用をはじめとして、髪用油、灯明の油、塗料、機械の潤滑油として、石油が安価に手に入るようになるまでは、日常生活に使われてきた歴史があります。日本で代表的な化粧油といえば、椿油が有名ですが、ヘンプオイルが日本オリジナルな化粧油として復活する日も近いのではないでしょうか。

ヘンプオイルを食べて、塗って、体の中からも外からもきれいになる！　その相乗効果と麻の実のもつエネルギーについて、少しでも本書を通じて、共感していただれば幸いです。

赤星栄志(あかほし よしゆき)
Hemp Revo. Inc 代表　NPO法人ヘンプ製品普及協会理事
滋賀県生まれ、日本大学農獣医学部卒。
学生時代から環境・農業・NGOをキーワードに活動をはじめ、農業法人スタッフ、システムエンジニアを経て、バイオマス(生物資源)の研究開発を行うHemp Revo.Incを設立。定期的に麻の実料理教室を開催している。著書に『ヘンプがわかる55の質問』(日本麻協会)、共著に『体にやさしい麻の実料理』(創森社)など。
http://www.hemp-revo.net/

水間礼子(みずま れいこ)
麻の実料理研究家　リフレクソロジスト　NPO法人ヘンプ製品普及協会理事長
大阪府生まれ、青山学院女子短期大学英文学部卒。
食べると肌がきれいになる体験を通じて、麻の実の効果とおいしさに魅了される。以来、麻の実料理とヘンプオイルを使った手作りコスメの研究をつづけ、薬効を生かしたレシピを多数考案。マクロビオテックや雑穀料理にも造詣が深い。共著に『体にやさしい麻の実料理』(創森社)。

ヘンプオイルのある暮らし
――― 手作りコスメとオーガニック料理

2005年5月5日　第1版第1刷発行

著者………赤星栄志、水間礼子
デザイン、イラストレーション、写真……Cekilala
発行所……新泉社
　　　　　　東京都文京区本郷2-5-12
　　　　　　TEL.03-3815-1662　FAX.03-3815-1422
印刷………東京印書館
製本………榎本製本

ISBN4-7877-0508-3 C2077
© Yoshiyuki Akahoshi,Reiko Mizuma, 2005
Printed in Japan